Walter Hornung

Zwergwidder

Walter Hornung

Zwergwidder

5., vollständig überarbeitete Auflage

Oertel + Spörer

Titelabbildung:

1,0 Zwergwidder, havannafarbig (Martin Fries, Rauschenberg). Foto: Tobias Reinmuth

Haftungsausschluss

Bibliografische Information der Deutschen Nationalbibliothek

Die Deutsche Nationalbibliothek verzeichnet diese Publikation in der Deutschen Nationalbibliografie; detaillierte bibliografische Daten sind im Internet über http://dnb.d-nb.de abrufbar.

Postfach 16 42 · 72706 Reutlingen
5., vollständig überarbeitete Auflage

Schrift: 9/11 p Stone Sans
Lektorat: Dr. Gabriele Lehari
DTP und Repro: raff digital gmbh, Riederich
Druck und Bindung: Oertel+Spörer Druck und Medien-GmbH+Co., Riederich
Printed in Germany
ISBN 978-3-88627-754-4

Inhalt

Vorwort

Verfasser und Verlag legen nunmehr die 5., aktualisierte und überarbeitete Auflage der Broschüre über die Zwergwidder vor. Nachdem die 4. Auflage vergriffen ist, laden einige fachliche Neuerungen zu einer Aufarbeitung des aktuellen Wissensstandes ein. Dies sind zum Beispiel die Anerkennung eines weiteren Farbenschlags, die Einführung der Farbbezeichnung „Wildfarben“, Präzisierungen zur Mantelzeichnung und neuere Beiträge über Fellhaar und Farbe.

Niemand hätte sich im Jahr ihres ersten Auftauchens auf einer Bundesschau (Essen 1976) träumen lassen, dass die Zwergwidder 35 Jahre später über 25 Prozent der von Jungzüchtern ausgestellten Tiere ausmachen würden (Erfurt 2011). Ihre Präsenz in der Herdbuchabteilung ist ebenfalls gefestigt und ihr Anteil an der Gesamttierzahl betrug auf der 30. Bundeskaninchenschau gut 12 Prozent. Die Vielfalt der auf Bundesebene präsentierten Varianten erreichte in Erfurt das Rekordergebnis von 41 Farbenschlägen. Die Bundesschauen der letzten Jahre dokumentieren eine derartige Konsolidierung des Trends, dass die bisherige tabellarische Aufarbeitung der Zahlen zugunsten der Erweiterung fachlicher Ratschläge und der Erwähnung der aktuell führenden Zuchten entfallen kann.

Auf einem weiteren Gebiet haben sich die Zwergwidder eine unbestreitbare Dominanz erobert: Die Rede ist von den rapide an Beliebtheit zunehmenden Kaninhop-Wettbewerben, deren Bestimmungen für den ZDRK bereits in 2. Auflage aufgelegt werden. Die ungebrochene Beliebtheit dieser Rasse, die inzwischen in rund 50 Farbenschlägen anerkannt ist, erklärt das nachhaltige Interesse an einer zusammenfassenden Darstellung aller wichtigen Aspekte ihrer Zucht, Haltung und Pflege.

Der Verfasser dieses Hefts ist seit 35 Jahren Züchter von Zwergwidderkaninchen und fast ebenso lange Zuchtwart in einem Spezialclub für Zwergkaninchenzucht. So geht es nicht nur darum, den Wissensstand aufzuarbeiten, sondern auch persönliche Zuchterfahrungen einfließen zu lassen. Die Möglichkeit, praktische Erfahrung und theoretisches Hintergrundwissen miteinander zu verknüpfen, verdankt der Verfasser auch der 15-jährigen Mitgliedschaft in der Standard-Fachkommission des ZDRK.

Auf eine allgemeine Darstellung der Vererbungslehre wird weiterhin verzichtet. Von Zuchtverfahren und Erbgängen wird nur im konkreten Zusammenhang mit Problemen der Verbesserung der Zwergwidder oder einzelner Farbenschläge die Rede sein. Dies bedeutet aber nicht einen völligen Verzicht auf Theorie, denn konsequent sollen zu allen Farbenschlägen die konkreten Farbformeln erläutert werden, um aus der speziellen Problematik heraus fallbezogene Aspekte der Zucht zu erläutern. Schließlich sollen auch keine allgemeinen Hinweise zur Fütterung von Rassekaninchen und zu den Futterzusammensetzungen gegeben werden. Wohl aber wird von den spezifischen Herausforderungen der Fütterung von Zwergwidderkaninchen die Rede sein sowie von besonderen Umständen ihrer Haltung und Pflege.

Wer sich über die hier angebotenen Themen hinaus informieren möchte, dem stehen vorzügliche Publikationen des Verlags Oertel+Spörer zur Verfügung. In Kurzform seien genannt:

- Heidrun Eknigk: Kaninchenvererbung, 2 Bände
- Ulrich Reber: Kaninchenhaltung
- Willi Lackenbauer: Kaninchenfütterung
- Lothar Thormann: Kaninchenställe und Stallanlagen

0,1 Zwergwidder, thüringerfarbig (Hans-Jürgen Seyfang, Ohmden). Foto: Dirk Wortmann

- Lothar Thormann: Kaninchen pflegen, züchten und ausstellen
- Christoph Schumacher: Rassekaninchen züchten

Die Fachbeiträge im Blauen Jahrbuch gehören ebenfalls zum Rüstzeug des engagierten Züchters.

Verfasser und Redaktion sagen allen Dank, die zum Gelingen dieser 5. Auflage beigetragen haben, sei es durch Fotos, sei es durch Berichte über einzelne Farbenschläge oder Probleme der Zucht. Sie sind überzeugt, dass nicht nur der Zuchtanfänger, sondern auch der erfahrene Züchter nützliche Hinweise erhalten werden. Möge dieses Heft dem langjährigen Züchter von Zwergwiddern Bestätigung und Vertiefung bieten, möge es dem noch jungen Züchter hilfreiche Anregungen geben, möge es schließlich den einen oder anderen Leser zur Entscheidung führen, mit der Zucht der schönen Zwergwidder zu beginnen.

Münster, im Januar 2012
Walter Hornung

Allgemeine Einführung

Unverändert sei an den Anfang dieser Monografie über die Zwergwidder ein Zitat aus der ersten Auflage des Hefts über „Das Deutsche Widderkaninchen" (S. 3) gestellt:

„Das Haustier ‚Kaninchen' ist eine der formenarmen Säugetierarten."

Angesichts der Tatsache, dass im ZDRK einschließlich der zum 1. Oktober 2011 in den Rassenkanon aufgenommenen Zwerg-Satin, rot, mittlerweile 100 anerkannte Rassen im Standard verzeichnet sind, deren Vielfalt sich noch durch eine Vielzahl von Farbenschlägen und Zeichnungsmustern erhöht, und angesichts der – wie Kritiker immer wieder betonen – restriktiven Anerkennungspraxis der Standard-Fachkommission des ZDRK, die im wesentlichen damit begründet wird, dass die zahlreichen vorhandenen Rassen und Farbenschläge zunächst einmal genügen und an der Typverbesserung vieler Rassen viel zu tun ist, mag die Behauptung, die Gesellschaft der Kaninchenrassen sei formenarm, wie ein Irrtum erscheinen.

Die zum 1. Oktober 2012 fällige Überarbeitung der Gesamtübersicht aller anerkannten Kaninchenrassen und Farbenschläge (vgl. dazu Standard 2004, S. 339 ff.) wird trotz der Zusammenführung der Farbenschläge Wild- und Hasengrau 391 anerkannte Varianten auflisten; dazu werden noch 13 im Anerkennungsverfahren verbleibende Rassen bzw. Farbenschläge als Neuzüchtungen verzeichnet sein. Und dennoch wird man bei genauerem Hinsehen zugeben müssen, dass sich ein großer Teil unserer Rassekaninchen vornehmlich durch den Größenrahmen und das Gewicht bzw. durch Unterschiede in der Farbe und Zeichnung definiert. Man denke in diesem Zusammenhang zum Beispiel an die fünf Wiener- oder die sechs Kleinsilberrassen.

Dennoch lohnt es sich nicht, über das Eingangszitat in Streit zu geraten, denn die fachliche Abgrenzung von Rasse versus Farbenschlag ist ebenso fließend wie der Begriff der Form in Abgrenzung zu anderen Unterscheidungsmerkmalen, zu denen natürlich auch das Fellhaar zählt, welches das äußere Erscheinungsbild entscheidend mit beeinflusst. Wir werden hier nur die Vielfalt der Zwergwidder ins Visier nehmen, die zu den Rassen der Normalhaarabteilungen zählen und sich im Wesentlichen durch Farbe und Zeichnung unterscheiden. Und trotzdem: Wer nach der Lektüre dieses Heftes immer noch von einer Variantenarmut der Rassekaninchen überzeugt ist, dem ist wohl nicht zu helfen.

Rassetypen

Ein sehr großer Teil unserer Hauskaninchen entspricht einer Norm, die immer noch von der Wildform her maßgeblich bestimmt ist und vor allem in Richtung auf den sogenannten Nutztyp weiterentwickelt wurde. In Lehr- und Ausbildungsschriften wird der Normtyp des Kaninchens folgendermaßen beschrieben:

Verhältnis von Breite, Höhe und Länge des Rumpfes = 1 : 1 : 3; durchschnittliche Länge der Ohren = 1/4 der Rumpflänge, in der Form einer römischen V getragen. Der Rumpf wird bei der überwiegenden Zahl der Rassen mehr oder weniger gedrungen, walzenförmig, kompakt mit gutem Fleischansatz verlangt.

Der überwiegende Teil unserer Normalhaarkaninchenrassen trägt außerdem ein Fellhaar, das hinsichtlich der Länge und der Struktur mehr oder weniger dem des Wildkaninchens entspricht. Die Fortentwicklung der Fellhaardichte und -struktur gilt bei vielen Rassen als wichtige Aufgabe der Zucht, wobei hinsichtlich der Dichte in manchen Fällen auch schon vor Übertreibungen gewarnt werden muss, weil ein Übermaß an Deckhaar oder Unterhaar die Elastizität der Struktur und im Extremfall auch das Wohlbefinden der Tiere beeinträchtigen kann.

Die typenbildenden Abweichungen des Fellhaares lassen sich leicht klassifizieren. Was die Länge und Struktur des Fellhaares anbelangt, kann man einschließlich der Norm sechs Typen unterscheiden: die Normalhaarkaninchen, die Kurzhaarkaninchen (Rex), die Langhaarkaninchen Angora, die Langhaarkaninchen Fuchs, die Haarstrukturrassen (Satin = Seidenhaar) und neuerdings bei den Neuzüchtungen die Vertreter mit partieller Langhaarigkeit, sprich Bart und Mähne: Genter Bartkaninchen und Löwenköpfchen. Die sehr umfangreichen Ausführungen des Standards 2004 zur Position 3 „Fellhaar" und der Aufstieg von Position 3 an die zweite Stelle bei Punktgleichheit verdeutlichen, dass dieser Position wieder mehr Aufmerksamkeit gewidmet wird.

Hinsichtlich der Körperformmerkmale sind im Wesentlichen fünf Standardtypen zu unterscheiden: Da gibt es zunächst die bei uns noch junge Rasse der schlank und schnittig erscheinenden Kastanienbraunen Lothringer, die mit ihrem keilförmig wirkenden Kopf ein wenig an die ursprüngliche Wildform erinnern. Noch schnittiger und im Typ an eine ganz andere Art, nämlich an den Feldhasen erinnernd sind die Hasenkaninchen zu nennen, deren langgestreckter Rumpf auf langen, schmalen und feingliedrigen Läufen deutlich vom Typus des Wildkaninchens abweicht.

Die Hermelin und Farbenzwerge sind aufgrund einer Mutation sehr deutlich geprägt; bei ihnen hat die auffällige Verkürzung der nur leicht V-förmig zu tragenden Ohren und die mutative Veränderung des Schädels zum breiten, kurzen und übergroßen „Bollenkopf" zu einer genetischen Verfestigung des niedlichen „Kindchenschemas" (Konrad Lorenz) geführt. Ihr – wenn auch relativ kleiner – Rumpf wird kurz, gedrungen, walzenförmig und mit einer gleichmäßigen Breite versehen beschrieben.

Vom Kindchenschema aufgrund der Körpermasse und des Kopf-Rumpf-Verhältnisses abweichend reiht sich der überwiegende Anteil der typischen Nutztierrassen in der „goldenen" Mitte ein, wobei die Rumpfproportionen von ausgeprägter Walzenform (zum Beispiel WW) bis zu einer eher leicht gestreckten Erscheinung (zum Beispiel ESch) variieren. Letztendlich sind da unsere Widder zu finden, für die man bereits im Namen die Abweichung von allem Hasen- und Kaninchenartigen festgeschrieben hat.

So scheiden sich denn auch beim Widderkaninchen die Geister. Für die einen ist das majestätische Widderkaninchen mit seinem markanten Kopf, seiner auffälligen Ramsung, seinem hufeisenförmig getragenen Behang (Man vermeide das Wort Ohr im Zusammenhang mit den Widderrassen!) und seiner ausgeprägten Krone der Inbegriff dessen, was durch züchterischen Fleiß am Kaninchen geformt und gestaltet werden kann, also die Krone der Züchtung. Dies gilt übrigens für die große, die kleine und die verzwergte Variante. Für die anderen sind die Widder eben überhaupt „gar keine Kaninchen", sondern Verirrungen der Natur oder des Menschen.

Sicherlich, ein Wildkaninchen mit beiderseits mit dem Schalltrichter zum Kopf hin hängenden Ohren und damit zwangsläufig erheblich reduzierter Wahrnehmungs- und Orientierungsfähigkeit hätte in der freien Wildbahn keine Chance. Das ist schon zutreffend. Aber hätten denn die vielen bunten „Normaltypen" eine Chance? Wahrscheinlich ebenso wenig! Es ist also müßig, über den Widdertyp in Streit zu geraten. Jedenfalls war der Autor dieser Zeilen vom ersten Moment an von den Widderkaninchen – speziell von den Zwergwiddern – begeistert.

Widderzwerge oder Zwergwidder?

Nachdem wir den Typ des Widderkaninchens in die Gesellschaft der Kaninchenrassen allgemein eingeordnet haben, müssen wir nun speziell auf die Zwergwidder eingehen. Wir haben vorstehend neben dem Wildtyp, dem Hasentyp, dem Nutztyp und dem Zwergkaninchentyp den Widdertyp unterschieden. Es drängt sich die Frage auf, ob die Widderzwerge alias Zwergwidder eigentlich als typische Widderkaninchen anzusprechen sind – allerdings auf Kleinstformat reduziert – oder ob sie doch eher typische Zwergkaninchen sind – allerdings mit herabhängenden Ohren – oder ob sie vom Erb- und Erscheinungsbild her nichts anderes darstellen als die Mischung zweier Typen.

Ihre Bezeichnung in den Kaninchen-Standards des ZDRK bis 1997 könnte zu dem Schluss führen, dass es vornehmlich auf den Zwergcharakter ankam, denn der zweite Teil eines zusammengesetzten Wortes ist der Bedeutungsträger. Dem widerspräche aber die von Anfang an klar festgelegte Zuordnung unserer Rasse zu den Widderclubs. Die Änderung der Bezeichnung im Standard 2004 könnte insofern als konsequenter zweiter Schritt gedeutet werden, zumal man damit von der wörtlichen Übersetzung der niederländischen Bezeichnung abweicht.

Die Ursache der Namensänderung hat aber vielfältige Hintergründe: Die Anerkennung der Zwerg-Schecken als neue Rasse, die Umbenennung der kurzhaarigen Zwerge in Zwerg-Rexe, die Anerkennung der „seidenhaarigen" Zwerg-Satin, und ein veränderter Umgang mit der Tierschutzproblematik legen wohl eher eine neue Systematik der Bezeichnungen nahe.

In Übereinstimmung mit der ursprünglichen Standardbezeichnung galten in älteren Darstellungen Widderzwerge als typische Zwergkaninchen. In diesem Sinne schrieb Ulrich Reber in seinem Buch „Kaninchenhaltung" (Verlag Oertel+Spörer, 1. Auflage 1990):

„Als typische Zwerge mit Normalhaar kann man Widderzwerge, Hermeline und Farbenzwerge ansprechen."

Jedoch machte der Autor (S. 105) gleichzeitig einige Einschränkungen:

„Allerdings hat natürlich der Widderzwerg die üblichen Behänge. Das Fell ist ziemlich kurz ..., wobei aber wiederum der Widderzwerg ein etwas längeres Fell als die beiden anderen Schläge aufweist. Der Widderzwerg zeigt in beiden Geschlechtern den ausgeprägten, typischen Widderkopf, während die ... Hermeline sowie die Farbenzwerge den großen, kurzen und dicken Kopf ... zeigen."

In einem Beitrag über „Niedliche Widderzwerge" (DKZ 16/2002, S. 4) heißt es immer noch: „Widderzwerge sind gnomenhafte Zwergkaninchen, allerdings ohne Zwerg- und Letalfaktor. Sie bieten das Bild eines Zwergkaninchens, tragen aber sonst die Merkmale der Widder."

Die in den Zitaten deutlich werdenden Unsicherheiten hinsichtlich des Typs lassen Fragen aufkommen wie: Was sind sie denn nun, das eine, das andere oder etwa beides? Ist die Alternative Widderkaninchen oder Zwergkaninchen überhaupt richtig gesehen? Oder mit anderen Worten: Sind die Zwergwidder nicht doch ein eigener Typ?

Eine vorläufige Antwort hat vor Jahren der Kaninchenforscher und -züchter Dr. Gerhard Hochstrasser versucht (DKZ Nr. 5/1989 und Nr. 19/1989). Er unterscheidet drei Kriterien: die Erbanlage, den Größenrahmen und die Körperform und fasst das Ergebnis wie folgt zusammen:

„Der Zwergtyp mit seinem genetischen dw-Faktor (sic) für Kurzohrigkeit ist bei den „Widder-Zwergen" nicht anzutreffen – also sind sie auch keine echten genetischen Zwerge. Sie sind in Wirklichkeit nur den

Groß-Widdern (mit Riesengewicht) gegenüber eine Zwergform. Da bei ihnen das vorherrschende Rassemerkmal die Widderohrigkeit ist, sind sie immer noch Widderkaninchen geblieben und keine Zwergkaninchen geworden."

Folglich schlägt er als Bezeichnung vor: Zwerg-Widder oder noch besser Kleinst-Widder. Vieles spricht für die Sichtweise von Hochstrasser. Viele Experten der Zwergkaninchenzucht haben sich dieser Lehrmeinung angeschlossen, so auch der vor einigen Jahren hoch betagt verstorbene Herauszüchter der Zwergwidder, weiß, Blauaugen, Dr. Werner Wein aus Ludwigsburg (vgl. DKZ 10/1995).

Wir wollen den akademischen Streit um Namen und Bezeichnungen jedoch nicht auf die Spitze treiben.

Die erwähnte Änderung der Rassenbezeichnung im Standard 2004 kann nur ein Indiz für die Beantwortung der Fragen liefern, mehr nicht. Wir werden uns damit an anderer Stelle intensiver auseinandersetzen müssen und behalten für die genauere Darstellung der Rasse die oben genannten Aspekte im Auge.

Festzuhalten ist, dass unsere Widderkaninchen im Kleinstformat sich stetig steigender Beliebtheit erfreuen, und zwar nicht nur bei den Züchtern, sondern auch bei den sogenannten Heimtierhaltern. Wir wollen in diesem Zusammenhang ein wenig über Ursachen und wichtige Aspekte dieser Entwicklung nachdenken, weil sie zum Verständnis und zur Beurteilung der „Widderzwerge" beitragen; wir bleiben in diesem Zusammenhang bewusst zunächst bei der alten Bezeichnung.

Zwergkaninchen in der heutigen Gesellschaft

Die Einstellung der Gesellschaft zum Hauskaninchen hat sich in den letzten Jahrzehnten deutlich gewandelt. Betrachtet man die Anfänge der Kaninchenzucht, so ist leicht festzumachen, dass die deutschen Soldaten, die nach dem deutsch-französischen Krieg 1870/71 in größeren Mengen domestizierte (das heißt zu Haustieren gezähmte) Kaninchen in die Heimat mitnahmen, zugleich mit dem Kaninchen auch die Einstellung zum Kaninchen aus Frankreich importierten. So wurde das Hauskaninchen besonders bei den weniger wohlhabenden Schichten in erster Linie nach dem Hauptkriterium der Nützlichkeit betrachtet. „Reinrassige Aufzucht und nutzbare Verwendung", das waren kurz gefasst die Ziele (Max Berthold, Das Silberkaninchen, Leipzig 1900). Die Wohlhabenden befassten sich eher nicht mit diesem „weniger noblen" Hausgenossen. Das Kaninchen galt aber in schweren Zeiten für breiteste Bevölkerungsschichten als Fleischlieferant, dessen Genügsamkeit – so glaubte man – von keinem anderen Haustier übertroffen würde.

Auffällig ist nun, dass sich die Einstellung zum Kaninchen in Zeiten geringerer Not und wirtschaftlichen Aufschwungs deutlich wandelt. So markieren die goldenen Zwanzigerjahre" eine Phase, in der sich das Interesse zum ersten Male stärker den sogenannten Sportrassen, darunter auch dem aus England importierten „Pool-Kaninchen" – nur im Größenrahmen unseren Hermelinkaninchen vergleichbar – zuwandte und in der das sächsische Blauaugen-Hermelin entstand.

„Gegen Ende der 1920er-Jahre erlebte die deutsche Hermelinzucht eine Blütezeit." (Niehaus, Band II, S. 177). Wenn man so will, wurde die „französische" Einstellung zum Kaninchen von einer „englischen" Einstellung abgelöst, bevor dann im Dritten Reich mit deutscher Gründlichkeit alles, was nicht den Nützlichkeitserwägungen des „Reichsnährstandes" entsprach, verboten und jeder Förderung entzogen wurde.

Die hohen Züchterzahlen der Kriegs- und ersten Nachkriegsjahre markieren wieder eine Phase der Not. Nützlichkeitserwägungen ließen manchen einem Verein beitreten, weil dieser sich um die Besorgung eines Zuchtrammlers bemühte, wohl gemerkt nicht für den einzelnen Züchter, sondern für den Verein. Der Verfasser weiß aus eigenen Erfahrungen als Jungzüchter, wie schwer es in den 1950er-Jahren war, an gute Hermelinkaninchen heranzukommen, wenn es sie denn überhaupt gab. Das Wirtschaftswunder und der anhaltende Wohlstand bewirkten in der Bundesrepublik und auch in den Niederlanden eine weitgehende Umstrukturierung der Züchterschaft. Ein großer Teil der „Nützlichkeitszüchter" verließ wieder die organisierte Kaninchenzucht und die Kaninchenzucht überhaupt. Dieser Prozess des Gesundschrumpfens fällt zusammen mit der Wiederentdeckung der Hermelinkaninchen und mit der Entwicklung neuer Rassen, so der Farbenzwerge und der Widderzwerge. Dieses neue Angebot an Kleinstrassen fand nicht nur bei den treuen Züchtern eine begeisterte Aufnahme, sondern führte auch neue Gesellschaftsschichten an die Kaninchenzucht oder zumindest an die Beschäftigung mit einem Haustier heran, wobei die Gründe dafür sicherlich vielfältig sind.

Der Aufstieg der Zwergrassen

Eine der Ursachen des Aufstiegs der Zwergrassen ist ohne Zweifel als Gegenbewegung zur „Entfremdung des Menschen von der Natur" zu interpretieren. Vielen wurde bewusst und Soziologen sind sich darin einig, dass die moderne Technologie und die Verstädterung den Menschen

1,0 Zwergwidder, schwarz-weiß (Zgm S. und A. Matthießen, Nortorf). Foto: Karin Wolters

um wichtige Dimensionen seiner Existenz berauben können. Als Reaktion ist ein „Haustierboom“ zu beobachten, von dem auch gerade die Zwergkaninchen profitieren, weil ein dem Menschen angeborener Beschützerinstinkt bewirkt, dass er sich dem niedlichen, vermeintlich schwachen und in seiner Existenz bedrohten Wesen zuwendet. Der beschränkte Raumbedarf und die ausgesprochene Futtergenügsamkeit der Zwerge sind weiterhin als Erklärungsmuster heranzuziehen. So nimmt es nicht wunder, dass sogenannte „Heimtier-Züchter“ und der Zoohandel von der millionenfachen Nachfrage der „Heimtier-Kaninchenfreunde“ nach Zwergkaninchen profitieren.

Die genannten Vorteile erlaubten zudem manchem an der Rassekaninchenzucht Interessierten, trotz reduzierter räumlicher Möglichkeiten, die Zuchtaktivitäten fortzusetzen oder neu aufzunehmen. In anderen Fällen waren Genügsamkeit und relativ geringer Raumbedarf für manchen Züchter von Großrassen Anlass genug, die niedlicheren Zwergwidder oder Farbenzwerge als sogenannte Zweitrasse zu halten. So haben auch die Zwergwidder eine wichtige Rolle in diesem Prozess der Wandlung der Kaninchenzucht von der nutzungsorientierten Feierabendtätigkeit zum „Hobby mit Herz“ und zur naturverbundenen Freizeitgestaltung gespielt. Sie haben – wie die Farbenzwerge – breiten Bevölkerungsschichten das Kaninchen als Heimtier erschlossen. Dabei sollte nicht übersehen werden, dass die Standard-Fachkommission des ZDRK durch sinnvolle Vorgaben zum Größenrahmen der Rassen immer auch den „Nutztieraspekt“ beachtet hat.

Halten wir als Fazit fest: Die Zwergwidder und Farbenzwerge haben im Bereich der organisierten Kaninchenzucht das Rassegefüge einem unverkennbaren Wandel unterworfen. Sie haben auf kleinen und großen Ausstellungen ebenso ihren festen Platz wie im Wohnzimmer und auf dem Balkon des Hobby-Kaninchenliebhabers. Kleinstrassen können zugleich eine züchterische Herausforderung und eine Quelle der Freude sowie ein wichtiger Inhalt des Privatlebens in der sogenannten modernen „Mediengesellschaft“ sein.

Mit der Wertung von Kaninchen aus Heimtierhaltung auf lokalen Schauen und der Beratung von Heimtier-Kaninchenfreunden im Hinblick auf die tierschutzgerechte Haltung und Pflege der Schützlinge (vgl. AAB, §2) spricht der ZDRK gezielt Tierliebhaber, vor allem Jugendliche an, um möglicherweise auf diesem Wege Nachwuchsförderung zu betreiben. In die gleiche Richtung steuern die bereits im Vorwort erwähnten Richtlinien für Kaninhop-Wettbewerbe, deren Zielsetzung die Förderung der Freude an der Bewegung für Mensch und Tier in Verbindung mit einem tierschutzgerechten Verhalten im Rahmen von Betreuung, Training und Wettbewerb ist. Ohne Zweifel steckt in diesen Maßnahmen ein hohes erzieherisches Potenzial. Manch voreilige Verurteilung der Zwergkaninchenzucht aus der Perspektive eines sehr engen Verständnisses von Tierschutz lässt allzu gern die vorstehenden Aspekte außer Betracht.

Es war ein langer Weg zurückzulegen bis zur Aufnahme der Widderzwerge alias Zwergwidder in den Katalog der Kaninchenrassen und bis zur gesellschaftlichen Anerkennung der Kleinstkaninchen. Wichtige Stationen dieses Weges werden in einem kurzen Überblick über die Zuchtgeschichte nachgezeichnet.

Zuchtgeschichte

Alle Widderkaninchen, seien es die durch deutschen Züchterfleiß zum Deutschen Widderkaninchen perfektionierten Großwidder, seien es die in den 1950er-Jahren in der Bundesrepublik Deutschland herausgezüchteten Deutschen Kleinwidderkaninchen oder eben unsere Zwergwidder, gehen auf Urformen zurück, die zu Beginn des 19. Jahrhunderts in England und Frankreich sicherlich nicht zum ersten Male auftraten, denen aber seit dieser Zeit ein systematisches züchterisches Interesse entgegengebracht wurde. Die eigentümliche Erscheinungsform einerseits und das neu erwachte Interesse an der Erforschung der Natur andererseits – der berühmte Naturforscher Charles Darwin (1809 bis 1882) und der für die Grundlagen der Vererbungslehre verantwortlich zeichnende Augustinerprior Gregor Johann Mendel (1822 bis 1884) mögen hier stellvertretend erwähnt werden – haben dazu beigetragen, dass die durch eine Laune der Natur spontan auftretende „Hängeohrigkeit“ gezielt beobachtet und weiterentwickelt wurde.

In ähnlicher Weise begann auch das Interesse an zwergwüchsigen Kaninchen zu wachsen. Die Erscheinung des Zwergwuchses tritt ebenfalls spontan in der Natur auf und ist in der Regel unter natürlichen Bedingungen ebenso wenig überlebensfähig wie sprunghafte Veränderungen von Farbe und Erscheinungsbild, zumal fast alle diese Mutationen, das heißt sprunghaften Veränderungen der Erbanlagen, mit geringerer Resistenz einhergehen.

Unter der Obhut des Menschen haben solche Erscheinungen nicht nur eine Chance, sondern sie erfreuen sich besonderer Aufmerksamkeit und Pflege. Der sich derart engagierende Züchter fördert solche Phänotypen, die durch Mutation entstanden sind; er entwickelt im Verlauf eines langwierigen Prozesses der Domestikation und Zucht durch Auslese und Kombination eine Vielfalt an Rassen, Farben und Zeichnungsmustern und trachtet zugleich danach, die vorhandenen Resistenzdefizite zu verdrängen. Warum sollte es bei unseren Widdern anders gewesen sein?

Von „lops“ und „béliers“

Die englischen „lops“ (to lop = schlaff herabhängen), die zum ersten Mal 1810 züchterisch erwähnt wurden und an der Wiege der Englischen Widder standen, waren und sind im Ursprungsland so bekannt, dass sie für eine feste Wendung Pate gestanden haben:

„Having drooping ears as a lop-eared rabbit.“ Wir wollen die Ohren aber nicht hängen lassen und die Geschichte weiter verfolgen. In dem 1854 von Mariot-Didieux herausgegebenen „Guide de l'Educateur de Lapins“ (Handbuch für den Kaninchenzüchter) wird neben den dem „Normtyp“ entsprechenden Stall- und Gehegekaninchen zum ersten Mal in der noch heute gültigen Bezeichnung ein Widderkaninchen erwähnt: das „lapin bélier ou rouennais“ (Widderkaninchen oder Kaninchen aus Rouen).

Vieles spricht dafür, dass es hauptsächlich solche hängeohrigen Kaninchen waren, die im Zusammenhang mit dem oben erwähnten deutsch-französischen Krieg aus der Normandie nach Deutschland kamen und das Ausgangsmaterial für die Großwidder bildeten, weshalb sie auch konsequent als „Französische Widder“ bezeichnet wurden. Die englische Variante wurde 1880 eingeführt. Die Zuchtgeschichte der Widder wird sehr anschaulich und detailliert im Heft „Das Deutsche Widder-Kaninchen“ (Oertel+Spörer) und bei Niehaus nachgezeichnet.

Nun darf man sich diese ursprünglichen Widderkaninchen nicht so vorstellen, wie wir es heute gewohnt sind. Es kamen alle möglichen Formen von Hängeohrigkeit vor. So unterschied man um das Jahr 1850 in England „full lops“ oder „double lops“, das heißt Widder mit zwei herabhängenden Ohren, „half lops“, bei denen nur ein Ohr herunterhängt, „horn lops“, bei denen die

Ohren hornartig nach vorn getragen werden, und „oar lops“, Widder mit schwebendem Behang.

Bei den französischen „béliers“ kamen mit an Sicherheit grenzender Wahrscheinlichkeit ähnliche Zwischenformen vor, zumal Kreuzungen – meistens zur Steigerung der Körpermasse – an der Tagesordnung waren, wie die folgenden Beispiele aus „Der Kaninchenzüchter“, Jahrgang 1899 zeigen:

Die großen Schwierigkeiten für die Zucht des perfekten Widdertyps ergeben sich nun daraus, dass die Anlagen für Hängeohren, Krone, Ramskopf und blockige Körperform nicht durch ein einziges Gen (Gen = Erbanlage, Erbträger) bestimmt werden, sondern durch eine Vielzahl unabhängig voneinander wirkender Gene. Mehr noch: Jedes einzelne dieser Merkmale, zum Beispiel die Hängeohrigkeit, ist nicht einem einfach mendelnden Erbgang

Das gelbe Widderkaninchen.

Wegen Raummangel verkaufe belgische Riesen:
1,0 hasengr., 12 Mon., 12 Pfd., 20 Mk.
1,0 „ 8 „ 10 „ 15 „
hat ein hängendes Ohr.

unterworfen, wie die meisten Fellfarben, sondern unterliegt einem sehr komplexen polyfaktoriellen Erbgang, also einem Erbgang, an dem viele verschiedene Erbfaktoren mitwirken. Im Wissenschaftsjargon ausgedrückt liegt eine „komplementäre Polygenie“ vor (vgl. Eknigk, Kaninchenvererbung, Band 1, 3. Aufl. 2010, S. 24).

Man braucht nur einmal, wie es damals Gang und Gäbe war, „normalohrige“ Kaninchen einzukreuzen (zum Beispiel Deutsche Widder x Graue Wiener), um solche Erscheinungsformen wieder zum Vorschein zu bringen. Diese Erfahrung verweist uns auf die komplizierte genetische Veranlagung, durch die die Hängeohrigkeit hervorgerufen wird.

Eigenarten der Vererbung

Man ist sich heute darin einig, dass das Widderkaninchen weder vom nordafrikanischen Cap- oder Wüstenhasen noch vom südamerikanischen Patagonischen Kaninchen, die beide anderen Gattungen angehören, abstammt, sondern dass seine Entstehung dem Einfluss von Mutationen, also Veränderungen der Erbmasse, die im Rahmen der Domestikation, der Haustierwerdung, aufgetreten sind, zu verdanken ist.

Bei der oben erwähnten Kreuzung von Deutschen Widdern und Grauen Wienern erhält man zum Beispiel in der ersten Nachkommengeneration (F_1-Generation) sogenannte intermediäre Typen, das heißt Typen, die in ihrem Erscheinungsbild dazwischenliegen. Wir haben oben die verschiedenen Formen der Ohrenhaltung beschrieben. Soll also ein perfekter Behang erreicht werden – wir wollen uns einmal nur auf diesen Gesichtspunkt konzentrieren –, so müssen schon allein für dieses Merkmal viele gleichgerichtete „Verstärkergene“ zusammenwirken, die zudem noch, da sie durch Mutation entstanden sind, meistens rezessiv sind, das heißt, leicht überdeckt werden können.

Das bedeutet für die Zucht: gezielte Anhäufung durch Selektion, aber auch, dass vereinzelte Anlagen für Hängeohrigkeit selbst bei den normalohrigen Rassen versteckt (= latent) vorhanden sein und eines Tages, wenn viele von ihnen in einer Paarung zusammenkommen, zum Vorschein treten können.

Andererseits kann aber auch bei der Verpaarung reinerbiger Widder unter Umständen eine so starke Verringerung der zu kombinierenden Erbanlagen eintreten, dass schwebende Behänge, zeitweiliges Aufrechtragen eines Ohres oder ähnliche Erscheinungen auftreten. Diese Erscheinungen sind häufig gekoppelt mit mangelnder Behanglänge, worauf wir später noch zurückkommen werden. Dies ist aber nicht zwangsläufig der Fall. Jedenfalls halte ich nicht viel davon, die Hängeohrigkeit ursächlich darauf zurückzuführen, dass die Größe der Ohrmuschel „ein gewisses Maß überschreitet und das Stützgewebe nicht mehr in der Lage ist, die ursprüngliche Ohrenstellung beizubehalten" (vgl. Das Deutsche Widder-Kaninchen, S. 6).

Wahrscheinlicher ist vielmehr, dass die komplexen, durch Mutationen entstandenen Anlagen, die im Falle der Hängeohrigkeit zusammenwirken müssen, Veränderungen des komplizierten Stützmechanismus (Muskel- und Knorpelgewebe, Sehnen, Adduktoren) bewirken, die ein Aufrechttragen des Ohres unmöglich machen. Anders ist gar nicht zu erklären, dass es – allerdings nur gelegentlich – Zwergwidder mit einer normal gemessenen Länge des Einzelohres von etwa 9,5 cm gibt, die einen hervorragend getragenen Behang aufweisen – in diesem Fall von etwa nur 22 cm Behanglänge.

Der Leser mag sich die Frage stellen, warum wir uns in diesem Abschnitt so ausführlich mit den komplexen Erbzusammenhängen des Widdertyps allgemein beschäftigt haben. Die Antwort liegt auf der Hand: Angesichts des sehr komplexen Erbgangs für den Widdertyp überhaupt ist es fast unvorstellbar, welche vererbungsbedingten Schwierigkeiten zu überwinden

1,0 Zwergwidder, blau-weiß (P. Kroh, Augsburg). Foto: B&S Fotostudio

waren, um Widderkaninchen im Zwergenformat herauszuzüchten.

Bevor wir uns an die Beschreibung des Lebenswerks von Adrian de Cock machen, wollen wir einige der Erbbedingungen untersuchen, die sich teilweise diametral entgegenstehen. Nur so können wir verstehen, welche Leistungen schon erbracht worden sind und welche Schwierigkeiten und Aufgaben immer wieder auftreten werden. Ratschläge zur Lösung dieser Aufgaben sollen daraus bei der konkreten Rassebeschreibung abgeleitet werden.

Widdertyp und Zwergtyp

Das Rassemerkmal, das noch die weitgehendste Übereinstimmung zwischen Widdertyp und Zwergtyp aufweist, ist die Form des Rumpfes. Er wird für beide Typen kurz, gedrungen, walzenförmig, vorn und hinten gleichmäßig breit sowie mit einer gut abgerundeten Hinterpartie verlangt. Zum gedrungenen Körperformtyp gehört auch, dass der Kopf markant erscheint und ohne sichtbaren Hals am Rumpf angesetzt ist.

Die Typenunterschiede beginnen aber schon bei den Standardforderungen für die Läufe. Während diese beim Zwergwidder kurz und kräftig (vgl. Europastandard 2003, S. 251), also relativ markant und „tapsig“ verlangt werden, werden für die Hermelin und Farbenzwerge kurze und recht feingliedrige Läufe eingefordert.

Auch der bei beiden Typen markant hervortretende Kopf, der mit einer auffällig breiten Stirn versehen verlangt wird, weist auf den ersten Blick auf eine Übereinstimmung beider Typen hin. Das ist aber ein Trugschluss. Die kugelige „Bollenform“, die gelegentlich in Berichten über „Die Zucht der Zwergkaninchen“ auch als „Katzenkopf“ bezeichnet wird (Das Blaue Jahrbuch 1989, S. 173), gilt beim Widdertyp geradezu als verpönt.

Während beim Zwergkaninchen der semidominante, intermediär wirkende Zwergfaktor Dw (zur Schreibweise kommen wir später) eine mutativ bedingte Verkürzung des Gesichtsschädels und eine Verlängerung des Hirnschädels und damit die Ausprägung des „Kugelkopfes“ bewirkt, also eine Umkehrung der Proportionen, die wir beim Wildkaninchen vorfinden, ist die beim Widdertyp verlangte Ramsung oder Ramse auf eine genetisch anders bedingte Veränderung der Schädelknochen zurückzuführen. Hier bewirken durch andere Mutationsschritte entstandene anatomische Veränderungen im Bereich des Scheitelbeins und des Stirnbeins (vgl. K. Dorn, Rassekaninchenzucht, S. 22) den für die Widderkaninchen typischen Eindruck einer Brechungsstelle über den Augen, die zur Bezeichnung Ramsnase geführt hat. Wir werden bei der Rassebeschreibung darauf zurückkommen.

Der wohl am leichtesten erkennbare Typenunterschied zwischen Zwergtyp und Widdertyp ist an den Ohren bzw. Behängen erkennbar. Der schon mehrfach erwähnte Erbfaktor Dw bewirkt bei den Hermelin und Farbenzwergen eine doppelte Abweichung der Ohren vom Wildtyp, zum einen die Verkürzung der Ohrmuscheln, die – je nach Körpermasse – zu einer Ideallänge von 5 bis 6 cm führt und im – züchterisch allerdings unerwünschten – Extremfall Verkürzungen des Ohres auf unter 4,5 cm ermöglicht, zum anderen eine Veränderung des Stützgewebes, die ein enges Beieinanderstehen der Ohrmuscheln bei nur leichter V-förmiger Öffnung bewirkt.

Völlig entgegengesetzt dazu müssen die Erbfaktoren wirken, die beim Widdertyp das hufeisenförmige Tragen des Behangs ermöglichen. Wie wir bereits oben gesehen haben, sind die Widderkaninchen, was das Verhältnis von Rumpflänge und Ohrenlänge anbelangt, abgesehen von den

Englischen Widdern nicht als Langohrkaninchen einzustufen. Man vergleiche nur einmal die Länge des einzelnen Ohres beim Deutschen Widder und beim Deutschen Riesenkaninchen! Lediglich die unterschiedliche Struktur des Stützgewebes bewirkt den bekannten Hängeohreffekt (vgl. die holländische Standardbezeichnung Nederlandse Hangoor Dwerg = Hängeohrzwerg).

Fassen wir zusammen: Der Hangoor Dwerg ist nach der überwiegenden Zahl rassetypischer Merkmale ein Widderkaninchen, also ein Zwergwidder. Die Bedingungen seiner Herauszüchtung sind schwierig. Nicht nur die sehr komplexen Erbbedingungen des Widdertyps überhaupt, sondern auch die bei einer Kombination mit dem Zwergkaninchen zwangsläufig wirksam werdenden Erbfaktoren, die dem Widdertyp widersprechen, schaffen Bedingungen für die Herauszüchtung von Widderkaninchen im Zwergformat, die normalerweise die Möglichkeiten eines Züchters oder einer Züchtergeneration übersteigen. Umso höher ist das Werk des Niederländers Adrian de Cock einzuschätzen.

Die Herauszüchtung der niederländischen Hangoor Dwerge

Adrian de Cock aus Tilburg, ein im In- und Ausland in Fachkreisen bekannter Lohkaninchen-Züchter und seines Zeichens Redakteur der Fachzeitschrift „Fokkersbelangen" (was so viel bedeutet wie „Angelegenheiten/Probleme der Züchter") hat 1966 seine Zuchtziele selbst definiert:

„Von Anfang an war es meine Absicht, eine Zwergform der Deutschen Widder zu erzüchten, wie wir diese in der Riesenform kennen, also ein Tier mit kräftigem, schwerem Kopf, guten Kronen, fleischigen Ohren, in Schultern und Hinterpartie gut gefüllt, mit kräftig ausgebildeten Läufen, aber mit einem Gewicht von nur einem Fünftel der großen Deutschen Widder... Es sollten Zwergkaninchen werden, dabei aber im Widdertyp bleiben, das heißt Deutsche Widder mit einem Gewicht von 2 bis 3 Pfund" (DKZ, Ausgabe Kaninchen 24/1966).

Nach allem, was wir bisher über die Schwierigkeiten der Erzüchtung von Widderzwergen – wir bleiben für diese Phase bei dem alten Begriff – gesagt haben, brauchte de Cock drei Voraussetzungen:

1. eine Stallkapazität, die den Weg über eine große Zahl von Tieren und Generationen erlaubte,
2. umfassende Kenntnisse der Vererbungs- und Züchtungslehre, die unbedingte Voraussetzungen für eine gezielte Kombinations- und Verdrängungszucht sind,
3. ein hohes Maß an Durchhaltevermögen gepaart mit einem Quäntchen Glück.

Ohne diese Vorbedingungen wäre das Vorhaben von vornherein zum Scheitern verurteilt gewesen. Von der ersten Paarung bis zur Vorstellung der ersten Widderzwerge auf der Holländischen Bundesschau in Den Bosch im Januar 1964 vergingen denn auch fast zwölf Jahre.

1952 begann de Cock mit der Verpaarung einer Farbenzwerg-Häsin und eines Deutschen-Widder-Rammlers. Über eine Vielzahl von Generationen hinweg betrieb er engste Verwandtschaftszucht. Diese kontinuierliche Inzucht bzw. Inzestzucht verfolgte das Ziel, zum einen die Erbanlagen, die eine wachstumshemmende Wirkung ausüben, zu kombinieren und zu konzentrieren, zum anderen gleichzeitig den Dw-Faktor (Kurzohrigkeit, Kugelkopf usw.) zu verdrängen und zum dritten alle widdertypischen Merkmale zu verfestigen. Adrian de Cock betrieb Großzucht mit Hunderten von Tieren. Hunderte von Nachzuchttieren mussten gemerzt werden, weil sie schon im Phänotyp, im Erscheinungsbild, eine deutliche Abweichung vom Ziel erkennen ließen. Nur mit den relativ besten Tieren wurde weitergezüchtet.

Aber schon bald erkannte de Cock die Grenzen seines Vorhabens. Je mehr er sich dem gewünschten Größenrahmen näherte, desto mehr gingen die typischen Widdermerkmale (Behanglänge, Ramsung, Hängeohrigkeit) verloren, sodass er sich gezwungen sah, Englische Widder einzukreuzen. Das brachte ihn zwar in Bezug auf die Behangbildung wieder näher an das Zuchtziel heran, ließ aber Tiere entstehen, die hinsichtlich der Form des Rumpfes stark an die schlankeren und feingliedrigeren Englischen Widder mit damals tiefstehender Vorderhand und hochliegender Hüftpartie erinnerten und die zudem den etwas länglicheren Kopf zeigten. Erneut galt es, diese unerwünschten Merkmale zu verdrängen.

Umso erstaunlicher war die Qualität der ersten vier Hangoor Dwerge, die denn auch in Den Bosch für Furore sorgten. Mit etwa 1,5 kg Gewicht entsprachen sie durchaus schon dem von de Cock anvisierten Größenrahmen. Die Anerkennung durch die niederländische Standardkommission ließ nicht auf sich warten, und die Nachfrage aus dem In- und Ausland, vor allem der Schweiz und der Bundesrepublik, war enorm. So kamen schon 1964 die ersten Widderzwerge nach Deutschland.

Jeder Züchter aber weiß, dass Phänotyp (Erscheinungsbild) und Genotyp (Erbanlagen) zwei verschiedene Paar Schuhe sind. Wen nimmt es angesichts der oben beschriebenen genetischen Probleme Wunder, dass der Katzenjammer auf dem Fuße folgte? Lassen wir Dr. Niehaus (a.a.O., Band II, S. 170) berichten:

„In der Erscheinungsform war der Widder-Typ dieser Tiere zwar recht ordentlich, genotypisch aber lag eine mehrfache Spalterbigkeit vor, wie die Nachzucht zeigte. Ein Sammelsurium von Farben kam zum Vorschein, die Unterschiede der Größen und Formen waren beträchtlich, Tiere mit Steh- oder Spreizohren, spitzem Kopf und zum Teil übergroßen Wammen traten in Erscheinung. Von da an besaß die Rasse mehr Kritiker als Bewunderer."

Dass die Rasse dennoch ihren Weg machte, ist der Beharrlichkeit einiger weniger Idealisten in den Niederlanden, der Schweiz und nicht zuletzt in der Bundesrepublik Deutschland zu verdanken.

Zwergwidder auf dem Vormarsch

Zunächst wurde es wieder still um die Widderzwerge alias Zwergwidder (wir verwenden bis zur Besprechung der Standardforderungen beide Begriffe gleichwertig). Einige Kritiker waren – wie wir heute wissen irrigerweise – der Meinung, dass es nie gelingen könnte, den Widdertyp auf das Zwergformat zu übertragen. Man legte de Cock sogar nahe, den Namen der Rasse zu ändern. Andere suchten ihr Heil und ihre Zuchterfolge bei den Deutschen Kleinwiddern, die zeitgleich mit den niederländischen Hangoor Dwergen in der Bundesrepublik herausgezüchtet worden waren. Eine dritte Gruppe begann mit Versuchen, bei der Weiterentwicklung des Typs und der Farbenschläge auch auf die neuen Deutschen Kleinwidder zurückzugreifen. In diesem Kreis und bei den Züchtern, die weiterhin konsequent auf holländisches Ausgangsmaterial setzten, sind die Unentwegten zu finden, die nicht die Flinte ins Korn warfen und sich an die langwierige – und noch keineswegs abgeschlossene – Aufgabe machten, weitgehend reinerbige Stämme zu entwickeln.

Diese Arbeit vollzog sich im Stillen und es dauerte einige Jahre, ehe wieder einige Züchter deutscher Zwergwidder an die Öffentlichkeit traten. Dr. Niehaus berichtet, dass Zfr. Scholten aus Kleve 1972, also acht Jahre nach Den Bosch, in Essen eine ansprechende Kollektion ausstellte; insgesamt standen dort nun Zwergwidder von Paul Scholten und Hubert Stangassinger, Bayern in der Neuzüchtungsabteilung (vgl. Kaninchenzeitung 23/2004, S. 9).

Mit der Anerkennung als Rasse durch unsere Standardkommission im Jahre 1973 beginnt der eigentliche Aufstieg der deutschen Widderzwerge. Seitdem ist ihre zahlenmäßige Verbreitung, ihre qualitative Verbesserung und die Entwicklung der verschiedenen Farbenschläge das Werk von ausgesprochenen Kennern der Materie gewesen. Es wäre müßig, hier den einen oder anderen namentlich hervorzuheben. Ein Blick in die Kataloge der Bundesschauen von Essen 1976 bis Erfurt 2011 wird genügen, um festzustellen, dass einige Zuchtfreunde, die sich auch sonst im ZDRK einen Namen gemacht haben, zu den treuesten und fähigsten Züchtern dieser Rasse zählen.

Die Beliebtheitskurve der Zwergwidder weist steil nach oben, wie unter anderem die Meldezahlen zu den Bundesschauen nachweisen. Das gilt seit Beginn der 1980er-Jahre vor allem für die Abteilung Jugend. Auf der 26. Bundes-Kaninchenschau, Stuttgart, Dezember 2003, betrug der Anteil der Zwergwidder in dieser Abteilung ursprünglich kaum für möglich gehaltene 17,8 %. In Erfurt 2011 waren es 26,8 %.

Nebenbei sei vermerkt, dass dies vielleicht schon eine etwas ungute Entwicklung ist, wenn man bedenkt, dass der Trend auf Kosten der Vielfalt geht und andere Rassen gegebenenfalls zurückgedrängt werden. Dies trifft nicht nur für die Jugendabteilung zu, denn mit gut 12 % und einer Gesamtzahl von 3927 ausgestellten Tieren markiert die 29. Bundes-Kaninchenschau in Karlsruhe (2009) bisher den absoluten Melderekord. Trotz der Tierzahlbeschränkung fanden im Dezember 2011 insgesamt 3030 Zwergwidder den Weg zur 30. Bundeskaninchenschau, was ebenfalls einem Anteil von gut 12 % an der Gesamttierzahl entsprach. Die Zahlen weisen nachhaltig die ungeheure Beliebtheit dieser Rasse nach. Der eindeutige Trend der letzten 35 Jahre erlaubt es, von einem unaufhaltsamen Siegeszug der Zwergwidder zu sprechen. Eine Erklärung für diesen Erfolg ist sicherlich auch darin zu sehen, dass die Zwergwidder ein breites Angebot an optisch sehr attraktiven und züchterisch interessanten Farbenschlägen bereithalten. Auf den Grad der Beliebtheit bei Alt- und Jungzüchtern werden wir gelegentlich bei der Besprechung der Farbenschläge eingehen.

Nachdem nunmehr fast 50 Jahre seit der ersten Präsentation in den Niederlanden und fast 40 Jahre seit der Anerkennung als Rasse durch den ZDRK ins Land gegangen sind, bin ich mir sicher, dass die Zwergwidder nicht das Schicksal so mancher anderen Moderasse erleiden werden und nach einer Phase des Booms wieder in der Versenkung verschwinden. Eine wichtige Voraussetzung dafür ist meines Erachtens die weitere Festigung der Erbanlagen in Richtung auf den standardgerechten Typ und reinerbige Farben und Zeichnungen. In diesem

Sinne mögen die folgenden Ausführungen zur Rassebeschreibung als nützliche Hinweise und Anregungen aufgenommen werden.

Dem aufmerksamen Leser wird es nicht entgehen, dass sich auch auf Seiten des Verfassers einige Ansichten gewandelt haben; die Neuorientierungen ergeben sich aus den praktischen Zuchterfahrungen der letzten Jahre, aus der Analyse der Rasseberichte und aus vielen Diskussionen mit hochgradig engagierten Züchtern der Zwergwidder.

Zuchtstand und Zuchtziele

Wir wollen uns an dieser Stelle so weit wie möglich eine wörtliche oder sinngemäße Wiederholung der Standardbeschreibung sparen. Vielmehr wollen wir – ausgehend von den Standardforderungen und vom tatsächlichen Zuchtstand – Probleme, Aufgaben und Ziele der Zucht der Zwergwidder umreißen und weitere Hintergrundinformationen über genetische Zusammenhänge beisteuern, so weit sie für das Verständnis der Problematik nötig oder für die Klärung des Zuchtweges hilfreich sind.

Größe, Gewicht und Körpermasse

Wie wir bereits mehrfach erwähnt haben, wird die Ausbildung eines bestimmten Rassetyps in der Regel nicht durch ein einziges Gen bestimmt, sondern durch additives Zusammenwirken zahlreicher Erbanlagen, die jedoch im Allgemeinen nicht isolierbar und damit schwer bestimmbar sind. Dies gilt insbesondere auch für die Größe. Folgen wir den Ausführungen von Dr. Niehaus:

„Unter diesen Anlagen gibt es ... solche, die das Wachstum fördern, und andere, die eine hemmende Wirkung ausüben. Eine Konzentration der das Wachstum fördernden Anlagen führt zum Riesenkaninchen, die der hemmenden zu den ‚Zwergen'."

Auffällig ist, dass Dr. Niehaus den Begriff Zwerge in Anführungsstriche setzt. Das hat seinen guten Grund, denn er unterscheidet „normale Kaninchen in Kleinformat" und „Ausstellungszwerge". Bei diesen Ausstellungszwergen, das heißt den typischen Hermelin und Farbenzwergen, ist, wie wir bereits gesehen haben, zusätzlich zu den normalen Wachstumshemmern der durch Mutation entstandene Zwergfaktor Dw wirksam (Dw = Englisch dwarf: Zwerg; in der Fachliteratur findet sich auch das Kürzel „nan" von Lateinisch nanus: Gnom).

Dr. Niehaus (Band II, S. 173) schätzt diese Erbsubstanz folgendermaßen ein:

„Diese Anlage wirkt in reinerbiger Form (dw dw) letal (tödlich). Reinerbig behaftete Tiere werden zum Teil bereits tot geboren, die anderen überleben meist nur wenige Tage. Ihr Geburtsgewicht beträgt nur etwa ein Drittel des Geburtsgewichts nicht behafteter Wurfgeschwister."

Der aufmerksame Leser wird festgestellt haben, dass wir im eigenen Text den intermediär wirkenden und mit Semiletalität gekoppelten Zwergfaktor in Abweichung von Robinsohn und Niehaus mit Großbuchstaben schreiben. Hier folgen wir der einleuchtenderen Schreibweise semidominanter, intermediär wirkender Erbfaktoren. Welche Konsequenzen dies für die Zucht der Hermelin und Farbenzwerge aus tierschützerischer Sicht hat, soll hier nicht diskutiert werden (vgl. dazu Henri Majaura, Kaninchenzeitung 24/2006, S. 7).

Der Zwergfaktor Dw ist unvollständig dominant; bei den sogenannten Ausstellungszwergen, bei denen er in spalterbiger Form (Dw dw) vorliegt, ist er sozusagen beschränkt wirksam und ruft eine zu-

1,0 Zwergwidder, wildfarben (P. Kaufmann, Mittweida). Foto: Karin Wolters

sätzliche Reduzierung des Gewichts hervor, hemmt deutlich erkennbar – aber mit durchaus zu beobachtender unterschiedlicher Intensität – das Wachstum und prägt vor allem in charakteristischer Weise den Kugelkopf und das Zwergenohr. Das beschriebene Phänomen trägt also alle Kennzeichen eines intermediären Erbgangs; mit Letalität behaftete Kümmerlinge haben Dw Dw, untypische „Großzwerge“ dw dw in der Erbformel.

Aufgrund der Zuchtgeschichte – es wurden ja immer die Nachkommen mit Bollenkopf und Kurzohrigkeit gemerzt – ist davon auszugehen, dass bei Zwergwiddern im normalen Gewichtsrahmen der Faktor Dw in der Regel nicht mehr erkennbar wirksam ist. Es ist offenbar gelungen, diesen die Fruchtbarkeit und die Lebensfähigkeit einschränkenden Faktor erfolgreich zu verdrängen und gleichzeitig die normalen Wachstumshemmer zu bündeln. Das zeigt sich im Normalfall sowohl bei den Wurfstärken als auch beim Gewicht der Nestlinge.

Ausgesprochene „Kümmerlinge“ gibt es bei den Zwergwiddern nach meinen Erfahrungen sozusagen nicht. Sie treten bei den Hermelin und Farbenzwergen im mendelschen Regelfall zu 25 % auf, wenn entgegen der Zuchtvorschrift und Vernunft ausgesprochene Typenzwerge im unteren Gewichtslimit miteinander verpaart werden. Vielleicht ist die unbelastete Kleinwüchsigkeit auch ein Grund dafür, dass die Zwergwidder als Kleinstkaninchen besonders für Jungzüchter geeignet sind und bei ihnen immer beliebter werden. So kann sich der Jungzüchter eines putzigen Mini-Kaninchens erfreuen, in der Regel ohne bereits im Zusammenhang mit der Wurfkontrolle der Lebensunfähigkeit und der Totgeburt zu begegnen.

Es soll an dieser Stelle nicht verschwiegen werden, dass der bekannte Zwergwidderzüchter Günter Fandel dem Verfasser berichtete, dass auch beim Einsatz von Zuchthäsinnen im Größenrahmen um die 1850 g regelmäßig Nachkommen mit unnatürlich wirkendem Kopf geboren werden, die entweder sofort tot sind oder nach wenigen Tagen verenden – ein Phänomen, dass dem Verfasser in seiner 35-jährigen Zucht in diesem Gewichtsbereich erspart blieb. Die genauere Beschreibung dieser Nachkommen, auf die wir an dieser Stelle verzichten, legt jedoch die Vermutung nahe, dass weder der Dw-Faktor noch der genannte Größenrahmen als ursächlich anzusehen sind. Vielmehr dürfen andere Ursachen vermutet werden, die selbst bei großen und mittelgroßen Rassen gelegentlich zu solchen Phänomenen führen und zu denen in erster Linie ein hoher Inzuchtgrad und der verstärkte Einsatz von „maskulinen" Häsinnen gezählt werden dürfen.

Für den Züchter von Zwergwiddern ist es wichtig zu wissen, dass die Kleinwüchsigkeit seiner Schützlinge nicht hauptsächlich durch einen Erbfaktor (etwa Dw) verursacht wird, sondern durch die Bündelung einer Vielzahl von Erbanlagen, die in der Summe zum gewünschten Erfolg führen. Das ist sicherlich einerseits ein Vorteil (Wurfgröße, Auswahl), auf der anderen Seite ist damit auch ein deutlicher Nachteil verbunden, denn die gewünschte Zwergform des Deutschen Widders wird nur dann erreicht, wenn die Wachstumshemmer tatsächlich in gebündelter Form erbwirksam werden. Was bedeutet das für die Zucht der Größe und des Gewichts?

Wir hatten bereits oben gesehen, dass die Hängeohrigkeit in ihrer Idealform ebenfalls nicht durch ein Gen bestimmt wird, sondern nur durch das Zusammenwirken vieler Verstärkergene erreicht werden kann. Genau so müssen wir uns die Erbvorgänge auch bei der Züchtung des Größenrahmens vorstellen. In einfacher Form ausgedrückt muss es das ursprüngliche Ziel de Cocks gewesen sein, ein fruchtbares, gesundes und frohwüchsiges Widderkaninchen zu erzüchten, bei dem die vorhandenen Wachstumshemmungs-Verstärkergene das Größenwachstum bei etwa 1,5 kg beenden, ohne dass gleichzeitig noch erkennbare Wirkungen des Dw-Faktors vorliegen. Das ist leichter gesagt als getan und, wenn wir ehrlich sind, bei Weitem noch nicht erreicht. Nach langjährigen Zuchterfahrungen und -versuchen in dieser Richtung häufen sich allerdings die Zweifel, ob dieses Ziel realistisch ist. Aber dazu später mehr; verfolgen wir zunächst die Theorie!

Wie können wir – zumindest theoretisch – dieses Ziel erreichen? Selbst bei Zwergwiddern, die dem bisher ins Auge gefassten Idealgewicht von 1,5 bis 1,6 kg in ausgewachsenem Zustand sehr nahekommen, kann der Zwergwuchs auf recht unterschiedlichen Genkombinationen beruhen, das heißt durch unterschiedliche Verstärkergene (gelegentlich findet man auch den Begriff Modifikationsgene) hervorgerufen werden. So wie wir in Bezug auf den Behang bei der Kreuzung von zwei hervorragenden Typenlinien alle möglichen intermediären, also dazwischenliegenden Behangformen bekommen können – wohlgemerkt können, nicht müssen! –, so kann es auch hinsichtlich der Größe der Zwergwidder passieren, dass trotz beiderseitigen Idealgewichts eine mehrfache Spalterbigkeit zutage tritt, wenn die miteinander verpaarten Tiere aus verschiedenen Linien stammen.

Dieser unerwünschten Erscheinung kann meines Erachtens nur durch eine konsequente Linienzucht begegnet werden. Inzucht und engste Inzestzucht mit jeweiligen Nachkommen, die dem Größenrahmen und dem erwünschten Gewicht möglichst nahekommen und dies über mehrere Generationen hinweg, wirkt sich ohnedies günstig auf eine Verringerung des Gewichts aus. Allerdings hat auch dieses Verfahren einen Haken, denn neben dem Gewicht müssen ja auch noch alle anderen Faktoren berücksichtigt werden. Vor allem in Bezug auf die Widerstandskraft und die Fruchtbarkeit treten früher oder später unerwünschte Inzuchtdepressionen auf, die es auf jeden Fall zu verhindern gilt. Deshalb sei hier zu kontrollierter Linienzucht geraten. Der Idealfall kontrollierter Linienzucht ist bei der sogenannten geschlossenen Zucht gegeben.

Bei der geschlossenen Zucht wird innerhalb einer geschlossenen Gruppe von Tieren nach einem festen Plan ohne Einpaarung fremder Tiere gezüchtet. Als Ausgangsbasis braucht man nach Niehaus etwa fünfzig Häsinnen und zehn blutsfremde Rammler. Diese werden nun in verschiedene Zuchtgruppen eingeteilt, innerhalb derer zunächst planvoll Linienzucht betrieben wird. Um aber langfristig strenge Inzucht zu vermeiden, werden Nachkommen aus den verschiedenen Zuchtgruppen nach einem bestimmten Rotationsverfahren gezielt miteinander verpaart. Es liegt auf der Hand, dass man auf diesem Wege bestimmte Erbanlagen, wie zum Beispiel die erwünschte Rumpfkürze in Kombination mit dem Widdertyp und angemessener Wurfstärke, langfristig verfestigen kann, ohne jemals weiteres Fremdblut einzukreuzen, sofern nicht unvorhersehbare Faktoren wie Erbunverträglichkeiten oder Krankheiten auftreten und den Züchter zwingen, ganz von vorn wieder anzufangen. Damit haben wir zugleich ein Risiko dieses Zuchtverfahrens genannt, das ohnedies von einem einzelnen Züchter nicht bewältigt und nur über langjährige Kooperation mehrerer Züchter Erfolg versprechend betrieben werden kann.

Dem Kenner der Materie wird aufgefallen sein, dass bisher immer von einem Idealgewicht von etwa 1,5 bis 1,6 kg die Rede war, obwohl der Standard bis 2004 die Obergrenze des Normalgewichts mit 2 kg festlegte. Nun, nach Ansicht des Verfassers ist ein Zwergwidder von 2000 g eigentlich kein Zwerg im Sinne des Wortes mehr, nicht nur nach genetischen Gesichtspunkten, sondern auch nach rein optischen Maßstäben.

Auf kleinen und großen Ausstellungen konnte man lange feststellen, dass häufig die am obersten Limit der Körpermasse liegenden Exponate mit höchsten Bewertungen bedacht wurden, sofern sie mit dieser Körpermasse ausgereift erschienen. Mehrfach wurden mit „vorzüglich“ bewertete Zwergwidder herausgestellt und prämiert, bei denen in der ersten Position konkret 2000 g Körpermasse angegeben waren, natürlich mit 20 Punkten korrekt bewertet, aber eben nur in dieser Position. Eine Bewertung solcher Zwergwidder mit vorzüglich war und bleibt meines Erachtens unangebracht.

Sicher ist, dass der ideale Größenrahmen in einigen Zuchten immer noch nicht erreicht ist. Auf der anderen Seite kann aber festgehalten werden, dass es schon in den 1980er-Jahren vielen Züchtern gelungen ist, durch gezielte Zuchtarbeit das Gewicht der Zwergwidder in einem mittleren Rahmen des Standard-Normalgewichts zu verfestigen. Ob dieses im Kaninchen-Standard von 1985 mit einem Toleranzrahmen von 600 g (1400 bis 2000 g) glücklich definiert war, bleibt allerdings sehr fraglich, zumal die untere Grenze des Normalgewichts um 100 g gesenkt und auf 1,4 kg festgelegt worden war. Diese Maßnahme, die vor allem den holländischen Züchtern entgegenkam, war wohl wenig zweckdienlich.

Sicherlich kann man Zwergwidder züchten, denen man das Attribut „Zwerg“ zu Recht verleihen darf, aber wenn sie – wie in einigen niederländischen Zuchten – extrem in diesem unteren Gewichtsrahmen liegen und zugleich einen wuchtigen Widderkopf tragen, dann wirken sie irgendwie disproportioniert. Hinzu kommt nach Erfahrung vieler Züchter, dass die

Wurfgröße in diesen extrem niedrigen Gewichtsbereichen abnimmt und zugleich die Anzahl der Schwergeburten mit Todesfolge und die Zahl der „Kümmerlinge“ – siehe Dw-Faktor – zunimmt. Die Herausgeber des Europastandards 2003 haben dies offenbar erkannt und die Untergrenze des Normalgewichts wieder auf 1,5 kg angehoben; Tiere mit nur 1,4 kg Körpermasse erhalten bei Europaschauen nur noch 9 von 10 Punkten in der zweiten Bewertungsposition.

Der ideale Gewichtsrahmen für die Zwergwidder liegt wohl zwischen den Extremen von 2 kg und 1,5 kg. In den bisherigen Auflagen dieses Heftes wurde die Gewichtstabelle der Zwergwidder ausführlich diskutiert. Natürlich können solche Gewichtstabellen nicht völlig unumstritten bleiben, übrigens auch im Lager der Zwergwidder-Züchter (vgl. zum Beispiel die Leserbriefe DKZ 3/1992 und 7/1992). Die oben genannten Diskussionsvorschläge haben aber dazu beigetragen, dass dieses Thema in der Fachliteratur eingehend, allerdings keineswegs einstimmig, diskutiert worden ist. Verschiedene im DKZ veröffentlichte Beiträge sahen das Idealgewicht der Zwergwidder in folgenden Bereichen:

1,7 bis 1,9 kg
(Günter Fandel, DKZ 1/2001)
1,65 bis 1,9 kg
(Volker Ruble, DKZ 6/2001)
1,75 bis 1,85 kg
(Siegfried Liedtke, DKZ 7/2002)
1,7 bis 1,9 kg
(Henry Majaura, DKZ 22/2002

Nachdem die ZDRK-Standardkommission bereits zu einem früheren Zeitpunkt das Mindestgewicht nach oben auf 1,2 kg korrigiert hatte, blieben die vorstehend zitierten Vorstellungen bei der Aktualisierung der Vorschriften des Standards 2004 nicht unberücksichtigt, ebenso wie der Aspekt der Angleichung auf europäischer Ebene.

Der Europastandard 2003 legt für die Zwergwidder – wie bei allen Rassen der Abteilung Zwergrassen – das Normalgewicht im mittleren Bereich fest:

Gewicht	Punktzahl
1,25 bis 1,40 kg	8
1,40 bis 1,50 kg	9
1,50 bis 1,80 kg	**10**
1,80 bis 2,00 kg	9
= Höchstgewicht	

Auch im ZDRK ist nach der Anhebung des Mindestgewichts der zweite Schritt im Jahre 2004 getan worden, denn folgende weiteren Argumente waren generell nicht von der Hand zu weisen:

Solange bis zur Obergrenze von 2000 g die volle Punktzahl vergeben werden darf, werden auf unseren Ausstellungen voll in der Entwicklung stehende Zwergwidder im Alter von fünf Monaten anzutreffen sein, die aufgrund ihrer 1990 g noch überzeugen, bald aber schon das Gewichtslimit überschritten haben werden. Wir werden aber auch immer wieder jene langgestreckten Gesellen vorfinden, die ihr „Sollgewicht“ durch eine kleine Hungerkur erreicht haben. Diese erhalten zwar sicherlich keine Bewertung mit „vorzüglich“, aber sie gehören einfach nicht in die Zuchtlandschaft. Auf diese Vertreter unserer Rasse werden wir im nächsten Abschnitt näher eingehen.

Durchgreifender Erfolg bei der Erzielung eines Idealgewichts als Baustein eines einheitlicheren Typs aller Farbenschläge, und zwar mithilfe eines realistisch festzulegenden Normalgewichts, stellt sich nur ein, wenn für die Zwergwidder genauso wie bei den Zwergschecken, den Hermelin, den Farbenzwergen, den Zwergrexen, den Zwergfuchskaninchen und den Zwerg-Satin über dem Normalgewicht bis zum Höchstgewicht eine Pufferzone eingeführt wird. Um den gewünschten Zuchtweg zuchtlenkend zu beeinflussen, braucht das bisherige Höchstgewicht in diesem Fall nicht angetastet zu werden: Denn wer verzichtet schon gern auf einen Punkt? Nach den oben zitierten Einschätzungen der Fachliteratur entspricht ein Normalgewicht zwischen 1,5 und 1,9 kg dem Zuchtstand guter Zuchten in den allermeisten Farbenschlägen.

Diese Argumente hat die ZDRK-Standardkommission einstimmig zum Tragen gebracht und die Gewichtstabelle im Standard 2004 folgendermaßen festgelegt:

Gewicht	Punktzahl
1,20 kg	17
bis 1,35 kg	18
bis 1,50 kg	19
1,50 bis 1,90 kg	**20**
bis 2,00 kg	19
= Höchstgewicht	

Angesichts der oben zitierten Fachbeiträge war die zum Teil heftige und mit reichlichen Argumenten vorgetragene, aber fachlich leider nicht immer stichhaltige und stimmige Ablehnung dieser Entscheidung doch sehr überraschend. Vielleicht wäre die Reaktion moderater gewesen, wenn von vornherein eine mehrjährige Übergangszeit verkündet oder wenn trotz des enormen Arbeitsdrucks mit einigen Interessenvertretern noch einmal Kontakt aufgenommen worden wäre. Aber die reinen Fakten sprechen für die vorstehende Entscheidung. So beginnt Waldemar Krone seinen Bericht über die „Zwergrassen in Erfurt“ mit folgendem Kommentar:

„Die wichtigste Pos. bei den Zwergwiddern war die Pos. 1, an der sich durch die Standardänderung ... reger Diskussionsbedarf ergab. Wenn ich die reinen Gewichtseinträge betrachte, war diese Diskussion fast völlig überflüssig, da ca. 85 bis 90% der hier gezeigten Zwergwidder in der Gewichtsspanne von 1,5 bis 1,9 kg lagen“ (Kaninchen 11/2005, S. 50).

Der gleiche Autor bestätigt diesen Befund in seiner Analyse der „Zwergrassen in Nürnberg“:

„In der Pos. 1 lag das Gros der Tiere im Bereich zwischen 1500 und 1900 g ...“.

Zu dem gleichen Ergebnis kommt der Geschäftsführer der ZDRK-Standardkommission bei seiner Analyse der in Neumünster im Januar 2007 ausgestellten schwarzgrannenfarbigen Zwergwidder in der Abteilung Neuzüchtungen. W. Krone bescheinigt den Zwergwidderzüchtern, dass sie sehr wohl zuchtlenkende Maßnahmen umzusetzen imstande sind:

„Beim Betrachten der Zwergwidder konnte man feststellen, dass die Züchter sich relativ schnell auf neue Forderungen einstellen können und es ihnen gelingt, auch unter neuen Voraussetzungen Spitzentiere zu zeigen“ (Kaninchenzeitung 7/2006, S. 46).

Welch ein Lob! Dem sei hinzugefügt, dass sich mittlerweile in den Spitzenzuchten fast aller Farbenschläge ein Gewichtsrahmen um die 1700 bis 1800 g einpendelt und somit wichtige Voraussetzungen zu einer Vereinheitlichung des Typs gegeben sind. Natürlich stellen sich die ideale Form und der ideale Typ nicht automatisch mit dem Gewichtsrahmen ein, aber man ist dem Ziel deutlich sichtbar ein ganzes Stück nähergekommen. Die langjährige Erfahrung zeigt, dass, wenn das Gewicht stimmt, zwar die Anforderungen an den Typ leichter zu erfüllen sind, aber nur dann, wenn sich zur stimmigen Körpermasse auch ein stimmiger Größenrahmen gesellt.

Körperform, Typ und Bau

Beginnen wir mit der Einleitung zur Positionsbeschreibung im neuen Standardtext (2004, S. 21):

„In Position 2 ist die Gesamterscheinung eines Tieres zu beurteilen: Dazu gehören die Körperform als Gesamteindruck aller körperlichen Merkmale des jeweiligen Tieres, der Rassetyp als spezifisches äußeres Erscheinungsbild jeder einzelnen Rasse, der Geschlechtstyp als spezifische Erscheinungsform der beiden Geschlechter und der Körperbau als Summe aller anatomischen Merkmale des zu beurteilenden Tieres."

Zur Erfüllung dieser Anforderungen stehen den Zwergwiddern drei Positionen zur Verfügung, die wir im Folgenden nacheinander besprechen werden.

In einem älteren Beitrag finden wir folgende Beschreibung des Zwergwiddertyps:

„Wichtig ist, dass die Tiere formlich den Widdertyp repräsentieren, das heißt insbesondere, dass sie einen wuchtigen, von hinten bis vorn gleichmäßig breiten, kurzen Körper mit gut abgerundeten Becken und einem kurzen, kräftigen Nacken zeigen. Wichtig ist auch, dass die Läufe nicht zu fein oder zu lang sind."

Mit diesem Zitat über den aktuellen Zuchtstand der Widderzwerge (DKZ 8/1989, S. 6) ist Wesentliches zu den Zuchtzielen bereits gesagt. Ob allerdings das Attribut „wuchtig" – was wohl eher so viel wie „massig, gigantisch" bedeutet – glücklich gewählt ist, möchte ich bezweifeln, denn es passt nicht so recht zur Bezeichnung „Zwerg". Ein perfekter Zwergwidder ist schon eine Wucht, aber „kompakt" wäre sicherlich eine zutreffendere Charakterisierung. Dennoch werden vorstehend Zuchtziele aufgelistet, deren Realisierung in manchen Zuchten noch Probleme bereitet.

Bei genauer Analyse des Zitats wird deutlich, wie viele einzelne Kriterien erfüllt sein müssen, damit von einem hinsichtlich der Form und des Typs idealen Tier gesprochen werden kann. Die Kürze des Rumpfes, die kompakte Walzenform, die verhältnismäßig kurzen und kräftigen Läufe, der Ansatz des Kopfes ohne sichtbaren Hals, dazu mit Blick auf den Bau ein Knochengerüst (Skelett), das weder die Hüftbeine überstehen noch die Schenkelknochen abstehen lässt, das alles sind Merkmale, die genauso wie der Größenrahmen nicht durch ein einfach mendelndes Gen beeinflusst, sondern durch das Zusammenwirken einer Vielzahl von Erbfaktoren bestimmt werden.

Zählt man noch weitere Standardforderungen wie die Freiheit von jeglichem Wammenansatz und natürlich die Abwesenheit jeglicher anatomischer Missbildungen vom Gebiss bis zu den Geschlechtsmerkmalen hinzu, dann wird klar, wie viel langwierige und gezielte Kleinarbeit nötig ist, um die gewünschten Erbanlagen, die vielfach noch in verschiedenen Linien und Zuchten getrennt vorhanden sind, miteinander zu kombinieren und in allen Farbenschlägen der Zwergwidder zu verfestigen. Macht man sich darüber hinaus klar, welche unerwünschten Eigenschaften gerade bei jüngeren oder weniger verbreiteten Farbenschlägen noch von den Ausgangsrassen versteckt „mitgeschleppt" werden, dann darf man sich nicht über die noch immer recht großen Unterschiede in diesem Bereich wundern, die allenthalben auf den Ausstellungen zu beobachten sind. Bei der Besprechung der Farbenschläge werden wir auf die jeweiligen besonderen Aufgaben der Zucht eingehen.

An dieser Stelle wollen wir nur kurz auf eine Schwierigkeit der Zucht eingehen, an der besonders deutlich wird, welche unterschiedlichen genetischen Voraussetzungen gemeistert werden müssen. Gerade bei den Zwergwiddern tritt in einigen Zuchten besonders häufig ein Körperformfehler auf, der auf den Bewertungsurkunden mit der Bemerkung „lose Fellhaut“ bestraft wird. Wie kann man das Zustandekommen eines solchen Fehlers genetisch erklären? Offenbar ist es doch so, dass durch eine Kombination verschiedener Wachstumshemmer eine Verkleinerung des Skeletts und der Bemuskelung mit Erfolg erreicht worden ist, dass aber auf der anderen Seite die maßstabgerechte Reduzierung der „Überkleidung der äußeren Körperoberfläche“ (dtv-Lexikon) noch nicht im Erbbild verankert ist. Der Züchter spricht in diesem Fall davon, dass dem Tier „der Anzug zu groß ist“. Dies ist vornehmlich bei Zwergwiddern zu beobachten, deren Rumpf noch relativ lang und vorn etwas schmal ist. Wo dieser Fehler auftritt, kann er nur durch geduldige Verdrängungszucht beseitigt werden. Es sei nur der Vollständigkeit halber angemerkt, dass dieser Fehler auch bei den Großwiddern, insbesondere aber bei einigen Farbenschlägen der Deutschen Kleinwidder immer noch recht häufig auftritt.

Nun dürfen die obigen Bemerkungen zu den Schwierigkeiten und Aufgaben der Zucht von Körperform, Typ und Bau nicht in dem Sinne missverstanden werden, dass man nun gleich die Flinte ins Korn werfen solle. Im Gegenteil: Der Reiz der Zucht liegt ja gerade darin zu versuchen, solche Schwierigkeiten zu meistern. Züchten heißt ja eben „Formen und Gestalten“ und je deutlicher man sich die Zuchtaufgaben klarmacht, desto Erfolg versprechender ist die Zucht.

Es sollte auch nicht unterschlagen werden, dass in den führenden Zuchten fast aller Farbenschläge bereits Großartiges geleistet worden ist, was unter anderem durch den Vergleich der auf Bundesschauen mit „vorzüglich“ herausgestellten Tiere untermauert wird. In Nürnberg (2005) wurden 121 (Senioren 107; Jugend 14) der 3382 Zwergwidder mit diesem Prädikat ausgezeichnet, in Erfurt (30. BKS 2011) erhielten gar 182 (Senioren 130; Jugend 52) der 3030 Tiere diese Auszeichnung. Dies ist zumindest ein indirekter Hinweis auf die Zunahme der Leistungsdichte.

Die Vergabe dieses Prädikats setzt voraus, dass man dem Idealtyp doch schon sehr nahe gekommen ist, nicht nur in Bezug auf die Form, den Bau und den Geschlechtstyp, sondern auch hinsichtlich der Kopfbildung und des Behangs, auf die wir nun eingehen wollen.

Der Widderkopf

„Typisch für diese Rasse ist ihr markanter Kopf. Die obere Profillinie zeigt eine deutliche Wölbung der Stirn- und Nasenpartie, die man als ‚Ramsung‘ bezeichnet. Diese obere Kopfgegend ähnelt der des männlichen Schafes, des Widders, deshalb wurde die Rasse nach ihm benannt“ (K. Dorn, Rassekaninchenzucht, S. 95/6).

Man mag sich darüber streiten, ob nun der Behang oder der typische Widderkopf verantwortlich für die Namensgebung und entscheidendes typenbildendes Merkmal ist. Auf jeden Fall wird der Kopfbildung wie dem Behang schon dadurch ein besonderes Gewicht verliehen, dass für sie auch bei den Zwergwiddern je eine eigene Bewertungsposition vorgesehen ist. Da wir schon in anderem Zusammenhang auf die genetischen Probleme eingegangen sind, wollen wir uns hier kurz fassen. Welches sind die entscheidenden phänotypischen Eigenschaften des Widderkopfes?

Zunächst einmal muss der Kopf eines Zwergwidders auffällig sein und im Ver-

Ein typischer Widderkopf. Foto: Tobias Reinmuth

hältnis zum Rumpf markant in Erscheinung treten, was dem Rammler wie der Häsin wie bei den Großwiddern ein majestätisches, erhabenes, ja würdevolles Aussehen verleiht. Eine übertriebene Ausprägung der Kopfbildung, die in einem unrechten Verhältnis zum Rumpf steht, wirkt allerdings befremdend. Die breite und kraftvoll entwickelte Schnauzpartie, die ausgeprägten Kinnbacken – vor allem beim Rammler – und die Breite der Stirn tragen das Ihre dazu bei, den Kopf kurz, prägnant und kompakt erscheinen zu lassen. Wenn dann noch die entsprechende Ramsung hinzukommt, ist das Ideal vollkommen. Hier ist züchterisch bereits Hervorragendes geleistet worden, was sicherlich zur Beliebtheit der Zwergwidder beigetragen hat. Auffällig ist auch, dass das bei den Großwiddern häufiger auftretende Tiefliegen der Augen – oft verbunden mit Tränenabflussstörungen – und die unschöne Vergrößerung der Lidhaut bei den Zwergwiddern sozusagen nicht vorkommen, genauso wenig wie bei den Zwergwidder-Rammlern eine Bildung des Kinnknotens störend in Erscheinung tritt. Diese Fehler treten praktisch nicht auf.

Leider ist es aber unvermeidlich, auf einen Zuchtfehler aufmerksam zumachen, der für die Gesamtentwicklung der Rasse ein großes Risiko birgt. Nach meiner Ansicht kann man nicht deutlich genug auf die Fehlentwicklung der Züchtung von Zwergwidder-Häsinnen mit typischem Rammlerkopf hinweisen. Der Standardtext 2004 (S. 21) sagt mit aller Deutlichkeit:

„Der Unterschied der Geschlechter muss ... auch durch die unterschiedlichen Merkmale von Rammler- und Häsinnenkopf eindeutig zu erkennen sein."

Dies betrifft bei den Zwergwiddern nicht in erster Linie die Ramsung, wohl aber die Stirnpartie und vor allem die Backenbildung. Mir scheint, dass der im Standard 2004 (S. 203) unverändert übernommene Text in einem gewissen Maß Schuld an dieser Entwicklung trägt:

„Für beide Geschlechter typisch ist der ausgeprägte Widderkopf, der kurz und kräftig zu sein hat, eine breite, gut entwickelte Schnauzpartie und starke Kinnbacken sowie eine breite Stirn und eine schöne Ramsnase aufweist."

Ich sehe sogar einen gewissen Widerspruch zu dem voranstehenden Zitat aus dem allgemeinen Teil. Eine ergänzende Einschränkung hinsichtlich der Backenbildung bei der Häsin, wie sie im Standardtext der Hermelin und Farbenzwerge beschrieben wird, erschiene mir mehr als sinnvoll. Vermutlich aufgrund der Formulierung im rassespezifischen Teil erhalten Häsinnen mit erkennbarem Rammlerkopf leider immer noch höchste Bewertungen, obwohl ein ausgeprägter Rammlerkopf bei der Häsin als schwerer Fehler zu ahnden wäre.

Warum muss in der Zucht auf diese Forderung geachtet werden? Nun, die Erfahrung lehrt, dass Häsinnen mit ausgesprochenem Rammler-Phänotyp sehr häufig, wenn nicht gar in aller Regel, nur wenige Junge bekommen, nur unter großen Schwierigkeiten – wenn überhaupt lebend – gebären, schlechte Milchleistung haben und einen deutlich höheren Anteil von Nachkommen mit Geschlechts- und sonstigen Missbildungen zur Welt bringen. Der Züchter führt das auf eine höhere Konzentration männlicher Hormone bei solchen Häsinnen zurück. Dies scheint mir plausibel zu sein, sollte aber einmal systematisch erforscht werden. Es hilft auch nichts, wenn immer wieder auf Ausnahmen bei einzelnen höchst fruchtbaren Häsinnen mit „Superköpfen" hingewiesen wird, denn in einer der folgenden Generationen stellen sich die obigen Fehler fast zwangsläufig ein.

Beim heutigen Zuchtstand kann man getrost auf Zuchttiere verzichten, die typische Kopffehler wie geschlechtsuntypische Kopfbildung, schwache Kopfbildung, einen schmalen und länglichen Kopf, eine spitze Schnauzpartie, mangelnde Stirnbreite und eine schwach ausgeprägte Ramsung zeigen. Allein die Aufzählung dieser Fehler zeigt, dass es sie hier und da noch gibt. In einigen Farbenschlägen treten sie häufiger, in anderen seltener auf. Auch hier gilt es, durch planvolle Selektion, das heißt Auswahl, oder durch Kombination das Idealbild in allen Farbenschlägen zu erreichen. Jedoch möchte ich vor dem unkontrollierten Kreuzen verschiedener Farbenschläge warnen, weil dadurch eine Vervielfachung der zum Teil ohnehin noch vorhandenen Spalterbigkeit eintritt. Sollte dieser Weg dennoch einmal unvermeidbar sein, natürlich nur mit Genehmigung durch den Landesverband in Abstimmung mit der ZDRK-Standardkommission, sollte man die Ausgangstiere besonders sorgfältig auswählen – auch unter genetischen Gesichtspunkten. Und es muss genauestens Zuchtbuch geführt werden. Dies gilt in gleicher Weise für die Zucht des Behangs, dem wir uns nun zuwenden wollen.

Behang und Kronen

Das oben bereits beschriebene majestätische Aussehen des typischen Zwergwidderkopfes wird vervollkommnet durch einen idealen Kronenaufbau. Die Kronen der Widder sind wulstartige Erhebungen aus Knorpelmasse am Ohrenansatz. Ihre Ausprägung und ihre Struktur sind gleichzeitig entscheidend für das richtige Tragen des Behangs. Ihre Entstehung durch mutative Veränderungen der Erbmasse mit anschließender verstärkter Selektion haben wir bereits an anderer Stelle behandelt.

Der Behang selbst rahmt hufeisenförmig den ausgeprägten Widderkopf ein und verleiht ihm dadurch optisch noch mehr Breite und Würde. Damit der Behang gut getragen werden kann, ist es wichtig, dass die Ohrmuscheln kräftig, solide im Knorpelgewebe und im Verhältnis von Länge und Breite gut proportioniert sind. Dünne, flatterige und schmale „Papierbehänge" werden in der Regel ebenso fehlerhaft getragen wie zu kurze Behänge. Dr. Dorn beschreibt den ideal getragenen Behang folgendermaßen:

„Die ... Ohren hängen ... röhrenförmig (nicht flach gefaltet) zu beiden Seiten des Kopfes herunter, wobei die Öffnungen der Ohrmuscheln und die äußeren Gehörgänge backenwärts zum Kopf gerichtet sind. Die Hängeohren sollen dem Kopf nicht anlie-

Behang und Krone verleihen dem Zwergwidder das majestätische Aussehen.
Foto: Tobias Reinmuth

gen, sondern mehr frei schwebend getragen werden (Hufeisenbehang)."

Dieser Darstellung könnte man sich uneingeschränkt anschließen, wenn Dorn nicht den irreführenden und anders gemeinten Begriff „schwebend" verwendet hätte, denn unter einem „schwebenden Behang" verstehen wir den häufig auftretenden Fehler, dass die Ohrmuscheln nicht senkrecht nach unten hängend getragen werden.

Die bereits erläuterten komplizierten genetischen Zusammenhänge und die Vielfalt der Standardforderungen in Bezug auf den Behang und die Kronen lassen es nicht verwunderlich erscheinen, dass die Zucht guter Behänge bei den Zwergwiddern einige Schwierigkeiten bereitet, wobei Zusammenhänge zwischen Kopfbildung und Behang eine wichtige Rolle spielen. Machen wir uns das an einigen Beispielen klar. Ein Zwergwidder mit einer schmalen Stirnbreite, aber mit gut ausgeprägten Backen kann den Behang nicht senkrecht nach unten tragen, weil der Kopf unten breiter ist als oben. Ebenso kann der Behang nicht gut getragen werden, wenn der Kopf zwar eine breite Stirnpartie aufweist, die Ohren aber zu sehr in der Kopfmitte angesetzt sind. In der Regel sind dann auch die Wulste nur schwach ausgeprägt, sodass gleich zwei Fehler in Kombination auftreten.

Bei jungen Tieren sollte man bezüglich der Trageweise außerdem Geduld an den Tag legen. Nach übereinstimmenden Berichten erfahrener Zwergwidderzüchter wird der Behang umso besser getragen, je später die Ohren „herabfallen".

Allerdings gibt es auch die genau entgegengesetzte Auffassung, dass der Behang umso besser getragen werde, je früher er falle. Meine persönliche Beobachtung ist, dass weder die eine noch die andere Meinung als allgemeingültige Regel gelten kann. Angesichts der sehr komplexen genetischen, physikalischen und klimatischen Faktoren, die hier wirksam werden können, ist eine differenziertere Sicht der Dinge angesagt, die sich auch für die Zwergwidder mit dem deckt, was Friedrich Karl Dorn für die großen Widder beschrieben hat:

„Wann die Ohren fallengelassen werden, hängt von ihrem Gewicht ab und wird durch die Jahreszeit beeinflusst. In warmen Monaten kommt das Hängeohr schon mit fünf Wochen zustande. Eine Gesetzmäßigkeit gibt es nicht, denn viele Jungtiere brauchen längere Zeit. Der Termin des Fallenlassens besagt nichts über die spätere Güte des Behangs" (K. Dorn, Rassekaninchenzucht, S. 96). Dem Text sei der nicht unwichtige Hinweis auf die Erbanlage hinzugefügt.

Befassen wir uns abschließend mit dem Problem der Behanglänge. Hier gehen die Meinungen auseinander: „Ein Zusammenhang zwischen Behanglänge und Trageweise wie bei den beiden großen Widderrassen ist hier nicht zu beobachten. Bei den Widderzwergen gibt es Tiere mit hervorragend getragenem Behang von knapp über 24 cm und solche mit schwebendem 28-cm-Behang" (DKZ 8/1989, S. 7).

Die hier vorgetragene Beobachtung ist zutreffend, allerdings nur, solange wir uns im Rahmen der vom Standard 1997 vorgeschriebenen Mindestlänge bewegen. Sobald aber der Behang deutlich kürzer wird, treten vermehrt Fehler in der Trageweise auf, sodass im Bereich der Behanglänge von 22 cm – neuerdings Untergrenze der Normallänge nach dem Standard 2004 – und bei noch kürzerem Behang in der Regel doch von einem Zusammenhang von Behanglänge und Trageweise gesprochen werden muss. Das hier deutlich werdende Problem der weiteren Verzwergung der Widderzwerge muss kurz angerissen werden.

Im Allgemeinen kann man folgende Beobachtung machen: Je mehr wir uns einer Körpermasse von etwa 1,5 kg nähern und je mehr es uns gelingt, typische Tiere mit bulligem Kopf und kurzem Rumpf zu erzüchten, desto häufiger treten Behanglängen unter 24 cm auf – sicherlich ein Grund dafür, dass im holländischen Standard und seinerzeit im Standard der sozialistischen Länder von einer Mindestbehanglänge von 22 cm ausgegangen wurde. Der neue Europastandard 2003 geht sogar – trotz der Erhöhung der unteren Marge des Normalgewichts auf 1,5 kg – von einer Normlänge von 21 bis 28 cm aus.

Ein zu kurzer Behang muss nach Einschätzung des Verfassers wohl als Fehlentwicklung eingestuft werden; andererseits ist im unteren Gewichtsrahmen zu berücksichtigen, dass der Behang auch zur Körpermasse harmonisch in Erscheinung treten muss. Ein Zwergwidder mit 1,510 kg Gewicht und einem Behang von 26 cm wirkt einfach schon nicht mehr kompakt. Warum sollte man bei den wirklich dem Zwergtyp nahekommenden Tieren nicht auch kulanter bei der Behanglänge sein. Es müssen ja nicht gerade 21 cm toleriert werden, aber 22 bis 28 cm sind auch schon insofern begründbar, als dass durch diese Toleranzbreite eine Gleichstellung mit den anderen Widderrassen erreicht wird. Wenn es den Züchtern gelingt, Behänge in dieser Kürze bei idealer Trageweise, Form und Gewebestruktur mit entsprechender Kronenbildung zu erzüchten, dann haben sie die 15 Punkte auch verdient, sofern der kurze Behang auch zur Körpermasse und Rumpfgröße passt. Denn ein Zwergwidder mit einer Behanglänge von 22,5 cm und einem Gewicht von 1,9 kg passt nicht in die Landschaft. Wie bei den stehohrigen Rassen müssen auch bei den Widdern die Proportionen stimmen. Dies gilt für Zwergwidder natürlich ebenso wie für Großwidder.

Beim Zuchteinsatz kurzohriger Tiere muss man allerdings immer wieder die Erfahrung machen, dass vermehrt schwebend getragene Behänge oder zeitweilig aufrecht stehende Ohren auftreten. Dem Züchter von Zwergwiddern sei also angeraten, alle Forderungen an Behang und Kronen im Auge zu behalten: die Ausprägung und Struktur der Kronen, die Länge, Breite, Struktur und Behaarung der Ohrmuscheln – Letzteres in Position 3 zu beachten – und die Trageweise des Behangs. Der Lohn wird ein in allen Belangen überzeugender Zwergwidder sein.

Der Rassetyp

Nach alledem, was bisher über den Zuchtstand und die Zuchtziele der Zwergwidder gesagt worden ist, mag die Erzielung des idealen Rassetyps der Quadratur des Kreises gleichkommen. Nun, so schlimm ist es wiederum auch nicht, denn Gott sei Dank mischt sich gelegentlich Gevatter Zufall ein. Die abgedruckten Rassebilder können nur einen ungefähren Eindruck von der Anmut eines (fast) perfekten Zwergwidders vermitteln. Wenn er so dasitzt mit der geballten Kraft seines kleinen, kompakten Körpers, mit seinem majestätischen und von einer kräftigen Krone gezierten Kopf, mit den lässig nach unten hängenden Ohren, die tapsigen Läufe gerade aufsetzend und mit würdevollem Stand huldvoll in die Runde blickend, „Ruhe, Kraft und Gelassenheit ausstrahlend“ (G. Lutter, Kaninchenzeitung 19/2005, S. 7), dann geht von ihm eine eigentümliche Faszination aus. Dies gilt trotz der Ausführungen zur Kopfbildung bei der Häsin für beide Geschlechter. Des Züchters Herz schlägt höher und er dankt der Glücksgöttin, die ihm so wohlgesonnen war.

Häufig ist es aber leider so, dass die majestätische Wirkung des markanten Kopfes und der Kronen in Wirklichkeit ein Trugbild sind und durch einen unliebsamen

Fehler erkauft worden sind, nämlich ein Fellhaar, dessen Länge keinesfalls den Standardanforderungen entspricht. Erst wenn auch die Behaarung sowie die Farbe und Zeichnung stimmen, dann ist das Glück des Züchters vollkommen.

Das Fellhaar

Bei der Rassebeschreibung haben wir uns vorstehend nicht an die Reihenfolge der Standardpositionen gehalten, sondern eine Rangfolge gewählt, die nach Meinung des Verfassers der Wichtigkeit der einzelnen Aspekte entspricht. Dies darf wiederum nicht in dem Sinne missverstanden werden, dass das Fellhaar von untergeordneter Bedeutung sei. Im Gegenteil: Mit dem Erscheinen des ZDRK-Standards 2004 ist die Position 3, die Beurteilung des Fellhaares, für die Preisvergabe im Falle der Punktgleichheit an die zweite Stelle vor die sogenannten „Rassewerte“ aufgerückt. Die wesentlich substanzielleren Ausführungen im Standard 2004 zeigen, welche große Bedeutung die Standardkommission des ZDRK einem rassetypischen Fellhaar beimisst. Daher hat das alte Zitat von K. Dorn im Prinzip nichts von seiner Aktualität verloren, sieht man einmal von seiner Einschätzung der industriellen Bedeutung ab:

„Seitdem man erkannt hat, wie wichtig dichtwollige Kaninchenfelle sind, ... schenkt man dem zweiten Hauptpunkt der Rassezucht größte Beachtung. ... Für die Industrie sind allein Größe des Felles sowie Länge und Dichte seiner Haare ausschlaggebend“ (K. Dorn, S. 16).

Die vorstehende Einschätzung der volkswirtschaftlichen Bedeutung der Kaninchenfelle muss für die heutige Zeit sicherlich etwas relativiert werden, zumal wir es beim Zwergwidder mit einem Lie-

0,1 Zwergwidder, chinchillafarbig-weiß (Anne-Kathrin Bauer, Neustadt). Foto: Tobias Reinmuth

feranten recht kleiner Felle zu tun haben. Der Begriff „wollig“ bedarf eingehender Überlegungen (vgl. dazu Edwin Contes und Werner-Philipp Schaudt in Kaninchen 5/2005, S. 12/13). Das Fell in seiner Gesamtheit – also Fellhaut und Fellhaar – hat demzufolge aus züchterischer Sicht in Position 3 nicht im Mittelpunkt zu stehen, sondern vor allem anderen die Qualität des Fellhaares. (Zur Erinnerung: Die unliebsame Erscheinung einer losen Fellhaut wurde im Abschnitt „Körperform, Typ und Bau“ behandelt.) In züchterischer Hinsicht ist ein gutes Fellhaar generell ein entscheidendes Qualitätsmerkmal des Rassekaninchens. Länge, Struktur, Dichte, Reifezustand und Pflegezustand bestimmen nicht nur den optischen Eindruck des Rassekaninchens, sie erfreuen auch „unseren Tastsinn, wenn wir mit fühlender Hand über sein Fell streichen“ (U. Koetter, Das Blaue Kaninchen-Jahrbuch 1981, S. 83). Die besondere Feinheit des Kaninchenfellhaares ist auch ein Grund dafür, dass das Kaninchen in vielen Haushalten zum Streicheltier geworden ist. Mag es Hunderassen ohne Fell bzw. Behaarung geben, Kaninchen ohne Behaarung sind einfach undenkbar.

Um dem Zwergwidder-Züchter einige Hinweise auf die Aufgaben und Ziele der Züchtung einer guten Behaarung zu geben, wollen wir die Darstellung nach den obigen Beurteilungskriterien ordnen.

Der Kaninchen-Standard des ZDRK beschrieb bis 1997 das Fellhaar der Zwergwidder nur ungenau. Verlangt wurden eine dichte „Unterwolle“ sowie eine gute, gleichmäßige und nicht zu harte Begrannung. Zur Haarlänge wurde nichts ausgesagt, was denn auch in Rasseberichten zu eigenen Auslegungen führte:

„Weitere Forderungen enthält der Standard nicht ausdrücklich, sodass der Standard meines Erachtens auch eine Auslegung dahingehend zulässt, dass auch etwas längere Felle toleriert werden. Das steht der Rasse meines Erachtens auch nicht schlecht zu Gesicht, zumal die Köpfe dann auch wuchtiger wirken“ (DKZ 8/1989, S. 6).

Ich halte diese Schlussfolgerung – wie bereits oben angedeutet – für eine gefährliche Konsequenz, da sie den Züchter zum Selbstbetrug verführt. Der Kopf der Zwergwidder muss durch sich selbst wirken und nicht durch die Staffage eines langen Fellhaares. Daher hat der seit 1997 gültige Standardtext eine wichtige Ergänzung erfahren:

„Das Fellhaar ... ist entsprechend dem Größenrahmen der Widderzwerge verhältnismäßig kurz.“

Ein Blick in den Fellstandard des Russenkaninchens, der Kastanienbraunen Lothringer, der Zwergschecken sowie der Hermelin und Farbenzwerge genügt, um nachzuweisen, dass die ZDRK-Standardkommission schon immer konsequent einen Zusammenhang zwischen dem Größenrahmen und der Fellhaarlänge beachtet und folglich für die kleinen und Kleinstrassen entsprechend kurze Felle gefordert hat. Die Forderung eines kurzen Fellhaares für unsere Zwergwidder ergibt sich nicht nur aus dem Grund, weil es eben zum Rassetyp besser passt, sondern auch aus Gründen der Fellqualität. Die Erfahrung lehrt nämlich, dass die Zwergwidder mit langem Fellhaar in der Regel auch hinsichtlich der Dichte und der Struktur ihre Probleme haben. Also sei das Zuchtziel ein kurzes, angemessen dichtes und in seiner Struktur dem Kleinstwiddertyp entsprechendes Fell. Natürlich muss sich die Behaarung dabei deutlich von der des Rexkaninchens unterscheiden.

Die Struktur des Normalhaarfelles wird bestimmt durch das Zusammenspiel der drei Haararten des Kaninchens: Unterhaar (nicht Unterwolle), Deckhaar und Grannenhaar, wobei das Kaninchen zwar mehr als zwanzigmal so viel Unterhaare wie Deck- und Grannenhaare hat, aber in seiner Strukturqualität im Wesentlichen vom Deckhaar bestimmt wird (vgl. E. Contes zur Überbetonung der „Unterwolle", Kaninchenzeitung 2011).

Deck- und Grannenhaare liegen als schützendes äußeres Haarkleid über dem kürzeren, gekräuselten (nicht wollig gewellten), wesentlich dünneren und für den Wärmeausgleich verantwortlichen Unterhaar:

„Die Unterwolle (sic) birgt viel Luft in ihren Zwischenräumen und in den Luftkämmerchen des feinen Markkanals, der jedes Wollhaar (sic) ausfüllt. Sie dient dem Rumpf als wärmende Hülle. Die kürzer behaarten Ohren und Läufe sind offenbar weniger kälteempfindlich und weisen kaum Unterhaar auf" (U. Koetter 1981, S. 85).

Vor allem die Deckhaare schützen das Tier vor Regen, Wind und Staub; Deck- und Grannenhaare dürfen nicht spröde sein. Vielmehr ist eine elastische Struktur erwünscht, die das Fellhaar im Griff geschmeidig erscheinen lässt. Nur ein solches geschmeidiges Deckhaar verleiht dem Fell seinen gesunden Glanz und lässt auch die Fellfarben intensiv leuchten. Hartes Deckhaar mit grober Granne passt nicht zu unseren Zwergwiddern, ebenso wenig aber auch ein weiches und zotteliges Fell, dessen schlechte Struktur sich in einer Neigung zur Filzbildung bemerkbar macht. Im Zweifelsfall sind Zwergwidder mit etwas kräftigerer Begrannung den „Wattebäuschchen" mit zu feinem Haar oder übertriebener Unterhaardichte vorzuziehen. Streicht man das Fell gegen die Wachstumsrichtung, so kehrt ein angemessen dichtes Fellhaar langsam in seine Ausgangslage zurück. Der Haarboden wird kaum sichtbar, auch wenn man in das Fellhaar hineinbläst, um den Fell- oder Farbtrichter zu beobachten. Das Fellhaar erscheint in der Hand „vollgriffig".

Eine dünne Behaarung, die arm an Deck- und Unterhaaren ist, kann ebenfalls nicht das Zuchtziel sein. Man erkennt sie leicht daran, dass die Deckhaare rasch in ihre Ausgangslage zurückschnellen. Beim Hineinblasen in das Fellhaar hat man freien Blick auf die Haut. Jede Ecke und Kante des unter der Haut befindlichen Skeletts fällt bei einem dünnen Fellhaar sofort auf, sodass sich Felle mit dünnem Haar und dünner Fellhaut auch negativ auf die Beurteilung der Körperform auswirken können. Schon allein deshalb ist bei der Auswahl der Zuchttiere besonders auf eine angemessene Dichte des Fellhaares zu achten.

Ein weiterer Grund, bevorzugt Tiere mit guter Fellhaarstruktur und Dichte zur Zucht einzusetzen, ist der, dass eine solche Behaarung, sofern sie hinsichtlich der Dichte angemessen und nicht übertrieben ist, ihre Gesundheit positiv beeinflusst. Eine angemessen dichte und zugleich nicht filzende Behaarung kann den Wärmeaustausch und den Wärmehaushalt des Körpers viel besser regulieren als ein schlechtes und dünnes Fellhaar. Aber auch ein zu wolliges Haar ist als Wärmetauscher wenig geeignet. Es soll an dieser Stelle nicht verschwiegen werden, dass sich in der letzten Zeit nicht zu Unrecht Stimmen mehren, die vor einer unkontrollierten und ungebremsten Jagd nach „immer dichteren, unseren Breitengraden widersprechenden Fellen" warnen (vgl. Ernst Mensinger, Kaninchenzeitung 1/2005, S. 8 und Schaudt a.a.O.), also Fellen, die den erforderlichen Wärmeaustausch nicht mehr leisten und zu Dauerhaarung führen können.

Angemessen dichtes Deck- und Unterhaar vererbt sich übrigens recht zuverlässig und in leicht beobachtbarer Form, sodass davon ausgegangen werden kann, dass die genetischen Voraussetzungen für ein solches Fellhaar nicht allzu komplex sind. Natürlich wird die Dichte des Fellhaares auch von den Umwelteinflüssen mitbestimmt, aber im Gegensatz zum jeweiligen Fellzustand, mit dem wir uns abschließend beschäftigen wollen, sind hinsichtlich Dichte und Struktur die Erbanlagen ausschlaggebender.

Den Zustand des Fellhaares beurteilen wir nach zwei wesentlichen Kriterien: nach dem Pflegezustand und nach dem Reifezustand. Zwischen beiden Aspekten gibt es Wechselbeziehungen, wie wir sehen werden. Bezüglich des Pflegezustands interessieren uns hauptsächlich die Sauberkeit der Behaarung, die Freiheit von Parasiten und Filzbildung und ein guter Glanz. Da diese Dinge hauptsächlich durch Fütterung und Haltung beeinflusst werden, kommen wir in einem späteren Kapitel darauf zurück.

Unter dem Reifezustand verstehen wir den jeweiligen Reifegrad der Fellhaare. Dieser ist abhängig vom jahreszeitlich bedingten Haarwechsel unserer Kaninchen, der sogenannten Haarung, mit der sich das Tier an die unterschiedlichen Witterungsbedingungen des Sommers und des Winters anpasst. Da dies ein regelmäßiger und natürlicher Vorgang ist, mag sich mancher Züchter fragen, wieso der Reifegrad des Haares etwas mit der Beurteilung der Fellqualität zu tun hat. Diese Frage ist zunächst einmal voll berechtigt und ich möchte anraten, die Zuchtwahlentscheidung nicht gerade in der Haarungszeit zu treffen oder gar von der in diese Zeit fallenden Fellbewertung abhängig zu machen. Mancher Zuchtrichter tut sich da schwer.

Die Erfahrung lehrt aber, dass auch der Wechsel und die Reifung des Haares nicht nur von den Umweltbedingungen abhängig sind, sondern auch von den Erbanlagen. Es gibt Tiere, manchmal auch ganze Stämme, die man als Dauerhaarer (siehe oben) bezeichnen kann. Sie sind fast das ganze Jahr über im Fellwechsel, mal intensiver, mal schwächer. Ihr Fellhaar ist deshalb fast das ganze Jahr über glanzlos. Meistens sind sie zudem von recht schwächlicher Konstitution. Das alles hat natürlich nichts mit der normalen Haarung zu tun. Solche Tiere bringen die Zucht der Zwergwidder nicht vorwärts, auch wenn alles andere stimmt. Hier liegen häufig Erbfehler vor, die nur durch natürliche Auslese verdrängt werden können.

Eine wichtige Beobachtung muss an dieser Stelle noch angefügt werden. Viele Züchter berichten davon, dass gerade die Zuchttiere mit dem dichtesten Fell besonders lange brauchen, um das alte Haarkleid abzustoßen. Das hat natürlich zunächst nur wenig mit dem gerade beschriebenen Erbfehler zu tun, sondern hängt automatisch mit der größeren Anzahl von Fellhaaren pro Quadratzentimeter zusammen. Durch eiweißreiche Fütterung und regelmäßiges Bürsten des Fells in der Haarungszeit kann man dem Tier helfen, zügiger durch die Haarung zu kommen, das heißt, der Reifezustand des Fells kann ganz entscheidend vom jeweiligen Pflegezustand abhängen. Wenn das alles aber nicht hilft, dann sollte darüber nachgedacht werden, ob hinsichtlich der Zucht der Dichte nicht doch übertrieben worden ist. Mensinger (a.a.O.) geht sogar so weit zu berichten, dass „manche Rassen wegen zu hoher Unterwolldichte (sic) bei höheren Temperaturen zum Teil lebensbedrohlich zu leiden haben".

Die Qualität des Fellhaares, nach den vorstehend behandelten Gesichtspunkten beurteilt, ist natürlich insbesondere bei jüngeren Farbenschlägen unserer Zwergwidder noch sehr unterschiedlich entwickelt. Aber auch bei den älteren Farbenschlägen finden sich immer noch – gerade bezüglich der Länge – Zuchten mit ausgesprochenen Fehlern wegen der trügerischen Wirkung (und oft auch Bewertung) des Kopfes. Wir werden bei der Besprechung der Farbenschläge darauf eingehen. Angesichts des Zuchtstands in heutigen Spitzenzuchten fast aller Farbenschläge bin ich sicher, dass unsere Zwergwidder auch bezüglich der Behaarung den Anschluss an hervorragende Fellträger wie in Spitzenzuchten von Hermelin und Farbenzwergen gefunden haben. Dass auch bei Vorgenannten nicht immer alles Gold ist, was glänzt, versteht sich von selbst.

Es wurde bereits angedeutet, dass zwischen der Qualität der Behaarung und der farblichen Erscheinung des Tieres ein direkter Zusammenhang besteht. W.-Ph. Schaudt (a.a.O.) weist nachdrücklich auf diesen Umstand hin:

„Was ist ein Fell wert, was ständig haart, die meiste Zeit des Jahres fleckig erscheint und nur ganz selten fertig ist? Hier wird die angestrebte, unendlich viel betonte Unterwolldichte (sic) fast schon zur Falle." Dies gilt übrigens nicht nur für farbige, sondern auch für weiße Tiere.

Farbe und Zeichnung

Was die Zulassung der Farben und Zeichnungen der Zwergwidder anbelangt, führt der ZDRK-Standard seit 1997 ebenso wie bei den Farbenzwergen konkret die anerkannten Farbenschläge auf. Allerdings erübrigt sich bei unserer Rasse ein Bewertungsspiegel für die Positionen 5 und 6, da alles, was zur Farbe und zur Zeichnung gehört, in einer Position – nämlich Position 6 – bewertet werden muss – und dies mit einem Gesamtpunktevolumen von 10 Punkten gegenüber 25 Punkten bei den Farbenzwergen. Dies ist absolut nicht unproblematisch, denn bei einem so engen Bewertungsspielraum besteht die Gefahr, dass Feinheiten nicht ihrer Bedeutung entsprechend erkannt und beurteilt werden und dass diese Position demzufolge in der Zucht relativ vernachlässigt wird. Wenn diese Position vielfach noch als sogenannte Ausgleichsposition zur Vermeidung tendenziell hoher oder niedriger Bewertungen ausgelegt wird, dann wird so manches über einen Kamm geschoren, was aus züchterischer Sicht höchste Aufmerksamkeit verdient hätte.

Eine Umfrage im Auftrag der ZDRK-Standardkommission, die auf eine Zusammenlegung der Positionen Kopfbildung und Behang und eine Bewertung von Farbe und Zeichnung wie bei den Farbenzwergen abzielte, stieß allerdings bei den Widderclubs überwiegend auf Ablehnung. Ich möchte mich an dieser Stelle eines Kommentars enthalten, aber die vorstehend beschriebene Gefahr wird offenbar wohl aus der Sicht der „Typorientierung" nicht so gravierend gesehen. Oder geht es halt vorwiegend um „Punkte"?

Weiterhin bleibt es dabei, dass im Gegensatz zu den Farbenzwergen, aber in Übereinstimmung mit den Deutschen Widdern und den Deutschen Kleinwiddern gesilberte Zwergwidder nicht anerkannt werden. Im Übrigen ist die Breite der Palette mit dem folgenden Text eindeutig definiert:

„Anerkannt sind die Farbenschläge Grau in den Abstufungen Wild-, Hasen-, Dunkel- und Eisengrau, Hasenfarbig, Weiß, Rot- und Blauaugen sowie – mit der unten folgenden Einschränkung – alle anderen einfarbigen Farbenschläge. Anerkannt ist außerdem die Thüringerfarbe nebst Thüringerabzeichen. Diese Farbenschläge (außer Weiß) sind auch als gescheckte Tiere zugelassen, wobei nur die Mantelscheckung anerkannt ist. Anerkannt sind ferner – mit der unten folgenden Einschränkung – weitere Farbenschläge mit Zeichnung bzw. Abzeichen; für sie ist eine Kombination mit der Mantelscheckung nicht zugelassen. Für alle Farbenschläge werden die jeweiligen Anforderungen an Farbe, Zeichnung und Abzeichen der entsprechenden Rassen erhoben.

Nicht zugelassen sind die Farben und Zeichnungen der Silberkaninchen, der Deutschen Riesenschecken, der Rheinischen Schecken, der Kleinschecken, der Englischen Schecken, der Zwergschecken, der Schwarzgrannen, der Holländer, der Separator und der Jamora" (Standard 2004, S. 203).

Aus der Liste der nicht Zugelassenen muss die Färbung der Schwarzgrannen gestrichen werden. Nach dieser Zählung sind insgesamt 49 Varianten anerkannt. Durch die Zusammenlegung von Wildgrau und Hasengrau zu Wildfarben – auch bei der gescheckten Variante – reduziert sich die Zahl im Rahmen der Zuchttierbestandserfassung auf 47 (vgl. Gesamtübersicht im Anhang; Genaueres später).

Die Aufgaben und Probleme der Zucht der Farben und Zeichnungen unserer Zwergwidder lassen sich leicht mit drei Begriffen umreißen. Zentrale Zuchtziele sind:
- erstens die Reinheit der Farben,
- zweitens die Klarheit der Zeichnungsmuster und
- drittens die Reinerbigkeit der Farbenschläge.

Hier ist bei manchen Farbenschlägen noch einiges zu leisten. Aber auch darauf wollen wir nicht an dieser Stelle, sondern im folgenden Kapitel eingehen.

Die Farbenschläge und die Zucht der Farben

Ganz ohne Theorie geht es nun doch nicht. Um die bei der Besprechung der jeweiligen Farbenschläge zu gebenden Ratschläge für die Zucht verständlicher zu machen, wollen wir der Einzeldarstellung eine ganz kurze Einführung in die Vererbungslehre der Farben voranstellen. Dabei halten wir uns an die konventionelle deutsche Verwendung der Symbole. Wie wir bereits an anderer Stelle erwähnt haben, handelt es sich bei der Farbvererbung in der Regel um Vorgänge, die einem einfach mendelnden Erbgang folgen und schon von daher leichter verständlich gemacht werden können.

Nach den Forschungsergebnissen des Erbforschers Hans Nachtsheim hängt die konkrete Färbung des Haarkleides unserer Kaninchen von fünf paarweise vorhandenen (allelen) Grundfaktoren ab, die er symbolisch mit den Buchstaben A, B, C, D und G bezeichnet hat. Untersucht man das Fellhaar eines Wildkaninchens, so stellt man fest, dass es mehrere Farbzonen aufweist. Edwin Contes (Tischvorlage für die Standardkommission, 2001; vgl. Kaninchenzeitung, Heft 4/2003, S. 12/13) hat diese Farbzonen und die an der Ausbildung der jeweiligen farblichen Erscheinung beteiligten Haararten wie folgt dargestellt:

Wildfarbigkeitsfarbzonen sowie Haararten und Farbzonen (Contes 2001)

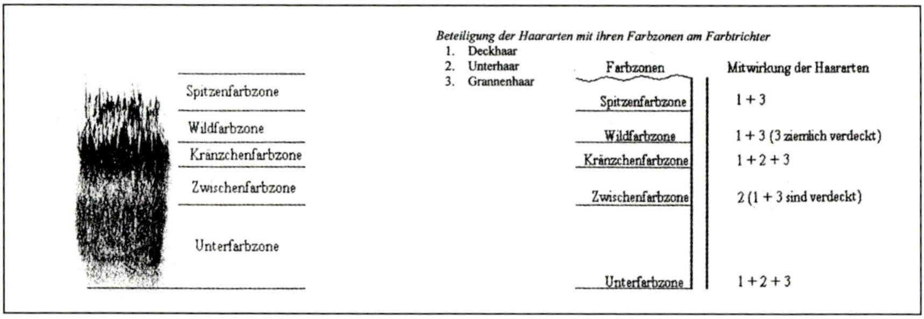

Die drei oberen Farbzonen ergeben in ihrem Zusammenwirken den farblichen Gesamteindruck, den wir als Deckfarbe bezeichnen und beurteilen. Beschreibungen farblicher Erscheinungen, die im Standardtext mit einem „Durchscheinen" der Zwischenfarbe erklärt werden, bedürfen der Überprüfung. Die ringförmige Farbverteilung, die man beim Hineinblasen in das wildgraue Fell auch als Farbentrichter feststellen kann, findet sich allerdings weder an der Unterseite des Rumpfes (das heißt am Bauch und an den Innenseiten der Läufe sowie an der Unterseite der Blume) noch im Bereich des Nackenkeils und im Bereich der Kinnbacken- und der Naseneinfassung.

Verantwortlich für die ringförmige Farbverteilung im einzelnen Haar und für die sogenannten Wildfarbigkeitsabzeichen ist der Farbverteilungsfaktor G. Für die Intensität der eigentlichen Farben sind die Faktoren B, C und D verantwortlich. Eine Schwächung dieser Faktoren durch mutative Veränderungen bewirkt jeweils eine Aufhellung der Fellfarbe:

- Verwandelt sich D in d, wird Schwarz nach Blau aufgehellt.
- Verwandelt sich C in c, erfolgt eine Aufhellung nach Braun hin.
- Verwandelt sich B in b, so entsteht eine gelbe Fellfarbe.

Die Kombination des Farbverteilungsfaktors GG mit dd, cc oder bb ergibt also blau-, braun- oder gelbwildfarbige Kaninchen. Wird der Farbverteilungsfaktor durch Mutation geschwächt oder außer Kraft gesetzt (gg), so entstehen einfarbige Kaninchen. Die Farbstufen sind also verkürzt ausgedrückt: vollpigmentiert – schwarz – blau – braun – gelb.

Nun sind wir bisher davon ausgegangen, dass die Erbanlage die Ausbildung von Farben überhaupt zuließ. Das ist ja nicht selbstverständlich, denn wir kennen doch farblose, das heißt weiße Tiere.

Verantwortlich für die Fähigkeit, überhaupt Farbe auszubilden, sind zwei Erbfaktoren, die mit den Symbolen A und X bezeichnet werden. Die Mutation des Pigmentbildungsfaktors X in x verhindert die Ausbildung von Pigmentzellen der Haut. Lediglich die hintere Schicht der Regenbogenhaut des Auges und der Augenhintergrund sind noch pigmentiert, sodass die Farbe der Augen durch die Reflexion und Brechung des Lichts blau erscheint. In diesem Falle haben wir es mit einem leuzistisch weißen (von Griechisch leukos = weiß) Kaninchen zu tun (zum Beispiel Weißer Wiener).

Die Mutation des Grundfaktors für Pigmentbildung A in a unterdrückt durch eine Veränderung im Bereich des Zellaufbaus jegliche Fähigkeit zur Ausbildung von Farbpigmenten, sodass auch die Augen farblos sind. Sie erscheinen aber durch das Hindurchscheinen der roten Blutgefäße rot. In diesem Fall sprechen wir von einem albinotisch weißen (von Lateinisch albus = weiß) Kaninchen, mit dem wir es zum Beispiel beim Weißen Neuseeländer zu tun haben.

Wir haben die bisherige Darstellung stark vereinfacht. In Wirklichkeit kommen noch eine Reihe anderer Faktoren hinzu, wie zum Beispiel die Gelbverstärker Y_1 Y_2 ..., die Silberungsfaktoren P_1 P_2 ..., der Holländer- oder Plattenscheckungsfaktor s_1 s_2 ... oder der unvollständig dominante, intermediär wirkende Punktscheckungsfaktor K. Ferner müssten wir bei den Farbgenen verschiedene Mutationsschritte berücksichtigen, die im Einzelnen weitere Abstufungen ermöglichen (A-Serie, B-Serie oder G-Serie). Um aber die Sache nicht zu kompliziert zu machen, begnügen wir uns mit diesem Hinweis und verweisen auf die Erbformeln der Farbenschläge. Allein schon die genannten Erbfaktoren ergeben eine schier unübersehbare Fülle möglicher Kombinationen, sodass man vor einer allzu uferlosen Kreuzungspraxis oder Entwicklung neuer Farbenschläge des Zwergwidders warnen muss. Es könnte sonst leicht der Überblick verloren gehen.

Kommen wir nun zur Besprechung der Farben. Die Reihenfolge ist systematisch im Sinne der vorstehenden Farbsymbole angeordnet. Sie folgt der aktuellen Gesamtübersicht (Anhang); die weißen Zwergwidder werden aber wegen ihrer Häufigkeit bevorzugt behandelt und den grauen auf dem Fuße folgen. Der Darstellung der grauen Farbenschläge im Einzelnen sei zum besseren Verständnis ein Exkurs über deren etwas komplexe Zusammenhänge vorangestellt.

Graue Kombinationen

Bei dem Begriff „graue Rassekaninchen" handelt es sich um eine stark vergröbernde Sammelbezeichnung für eine Vielzahl farblicher Erscheinungsformen, wobei die Nuancen der Schwarzwildfarbigkeit die Variationsbreite der Färbung des Wildkaninchens im Rahmen der Anpassung an unterschiedliche Umweltbedingungen widerspiegeln und sich auch unter den Bedingungen der Domestikation dominant vererbt haben. Bei den Zwergwiddern erfreuen sich die grauen Farbenschläge in ihrer Gesamtheit einer starken Verbreitung. In Erfurt wurden 516 „Graue" ausgestellt, womit deren Anteil wie bei den letzten Bundeskaninchenschauen bei etwa 20 % der Zwergwidder lag. Beliebtheit einerseits und Vielfalt im äußeren Erscheinungsbild andererseits lassen es angebracht erscheinen, die aktuellen Vorgaben für die Meldung zu den Schauen zu klären.

Eine Schwierigkeit für den Züchter bestand und besteht darin, dass die Farbenschläge selten in Reinform vorkommen, obwohl die verschiedenen Farbenschläge der Farbe Grau schon nach dem Standard 1997 als getrennte Farbenschläge galten. Ihre unscharfe Trennung unter der Sammelbezeichnung „Grau", ihre recht ungenaue Beschreibung in den bisherigen Standardtexten, die wenig kontrollierte Verpaarung der Farben in der Zuchtpraxis und die oft recht oberflächliche Bewertung der jeweiligen Farbanforderungen sind wohl die Ursachen dafür, dass es zu Vermischungen der Erbanlagen und demzufolge auch zu Mischformen im Erscheinungsbild kam.

Der allgemeine Teil des aktuell gültigen Standards 2004 versuchte durch eine präzisere Beschreibung der fünf anerkannten idealtypischen Farbenschläge Eisen-, Dunkel-, Wild- und Hasengrau sowie Hasenfarbig und ihrer fehlerhaften Abweichungen (S. 36 bis 40) ein wenig Ordnung in die Vielfalt zu bringen. Einerseits sollte dadurch die Reinzucht der vorgenannten fünf grauen Varianten wieder gefördert und durch die korrekte Bezeichnung jedes Einzeltieres im Zuchtbuch und im Rahmen der Schaumeldung eingefordert werden, andererseits durften nunmehr die unterschiedlichen grauen Farbenschläge beschränkt gemeinsam in einer Zuchtgruppe ausgestellt werden (Eisengrau plus Dunkelgrau; Wildgrau plus Hasengrau). Alle anderen Kombinationen sollten zum Ausschluss vom Zuchtgruppenwettbewerb führen.

Das Vorhaben, „dem Vermischen von Anlagen innerhalb der Schwarzwildfarbigkeit ein Ende zu setzen" und zugleich eine Zuordnung zu zwei Farbgruppen zu ermöglichen, wurde in der Fachwelt sehr begrüßt (Eknigk, a.a.O., S. 28), zumal die phänotypischen Ähnlichkeiten innerhalb der Farbgruppen zu einer gemeinsamen Zuchtgruppenzugehörigkeit einluden, wie Tabelle und Kommentar im Folgenden zeigen.

Ratgeber für die Praxis: Abgrenzung der Farbgruppen

	Farbgruppe 1	Farbgruppe 2	Farbgruppe 3
Farbzone	Gemeinsamkeiten von Eisengrau (trotz genetischer Sonderstellung) und Dunkelgrau	Gemeinsamkeiten von Wildgrau und Hasengrau	Hasenfarbig
Deckfarbe	Rücken gleichmäßig schwarzgrau bzw. dunkelgrau mit hellgraubrauner Schattierung	Rücken graubraun mit schwarzer Schattierung	Rücken kräftig rotbraun leuchtend mit kräftiger flockiger schwarzer Schattierung
	Genickkeil angedeutet, kaum in Erscheinung tretend	Genickkeil bräunlich deutlicher ausgeprägt	Genickkeil intensiv lohfarbig
	Seiten gleichmäßig schwarzgrau bzw. dunkelgrau (wie der Rücken)	Seiten hell graubraun, etwas weniger schattiert	Seiten ohne Aufhellung kräftig rotbraun wie auf dem Rücken
	Brust und Läufe ebenso	Brust und Läufe ebenso	Brust und Läufe wie die Deckfarbe aber nicht flockig schattiert
	Blumenoberseite überwiegend schwarz, schwache Sprenkelung nur bei Dunkelgrau erlaubt	Blumenoberseite intensiv gesprenkelt	Blumenoberseite schwarz mit intensiver bräunlicher Sprenkelung
	Ohrenrand breit und schwarz	Ohrenrand schwarz, sauber abgegrenzt	Ohrenrand kräftig ausgeprägt schwarz
	Bauch dunkelgrau, etwas matter, ohne Schattierung	Bauch weiß bis cremefarbig mit bräunlichen bis gelb- bzw. rostbraunen Schoßflecken	Bauch lohfarbig
Zwischenfarbe	Eisengrau ohne dunkelgrau schmale(2 bis 3 mm) schwach angedeutete Zwischenfarbe	bräunlich bis rostbraunrot, 4 bis 7 mm breit	leuchtend rost- bis braunrot, breit etwa 6 bis 9 mm
Unterfarbe	tief Nachtblau bzw. Tiefblau bis Bläulich	Stahlblau bis Bläulich	bräunlich bis rostbraunrot, 4 bis 7 mm breit

Rückschlüsse dieser Tabelle für die Meldung zur Ausstellung

- Wegen der größeren Gemeinsamkeiten im Erscheinungsbild gehören dunkelgraue Zwergwidder trotz des genetischen Unterschieds eher mit den eisengrauen (Be B) in eine Zuchtgruppe als mit den wildgrauen.
- Ebenso gehören hasengraue Zwergwidder trotz der genetisch bedingten intensiveren und breiteren Zwischenfarbe (sogenannter Breitbandfaktor) phänotypisch eher mit den wildgrauen in eine Zuchtgruppe als mit den hasenfarbigen.
- Hasenfarbige Zwergwidder bieten infolge der Rotverstärker ein eigenes Erscheinungsbild und sind daher mit keinem anderen Farbenschlag kombinierbar.

In der Ausstellungs- und Bewertungspraxis kam es trotzdem immer wieder vor, dass nicht zugelassene Kombinationen in den Zuchtgruppen präsentiert oder dass Fehl- oder besser Mischfarben vorgestellt wurden. Insbesondere im Bereich der am stärksten verbreiteten Wild- und Hasengrauen schien selbst in führenden Zuchten die Vermischung so weit vorangeschritten zu sein, dass eine eindeutige Zuordnung der Einzeltiere häufig nicht möglich war. Die Unruhe in der Züchterschaft einerseits und die Erkenntnis, dass sich auch beim Wildkaninchen ständig farbliche Mischformen im Rahmen der Anpassung an die natürliche Umgebung modifizierend entwickeln, andererseits führten zur Entscheidung der Standard-Fachkommission des ZDRK, die Farbenschläge Wildgrau und Hasengrau sowie die „wildfarbene Kombination" unter der neuen Bezeichnung Wildfarben zusammenzuführen, und zwar als Bezeichnung für jedes Einzeltier und für die entsprechende Zuchtgruppe. Diese Erleichterung wurde durch mehrere Veröffentlichungen in der Fachpresse und durch die Herausgabe von Ergänzungsblättern zum Standard im Juni 2011 amtlich gemacht. Sie schließt natürlich nicht aus, dass ehrgeizige Vertreter der Reinzucht weiterhin die Farbenschläge Wildgrau und Hasengrau in genetisch reiner Form betreiben können und sollen. Den genetischen Zusammenhang der „Grauen" mag die folgende Grafik veranschaulichen:

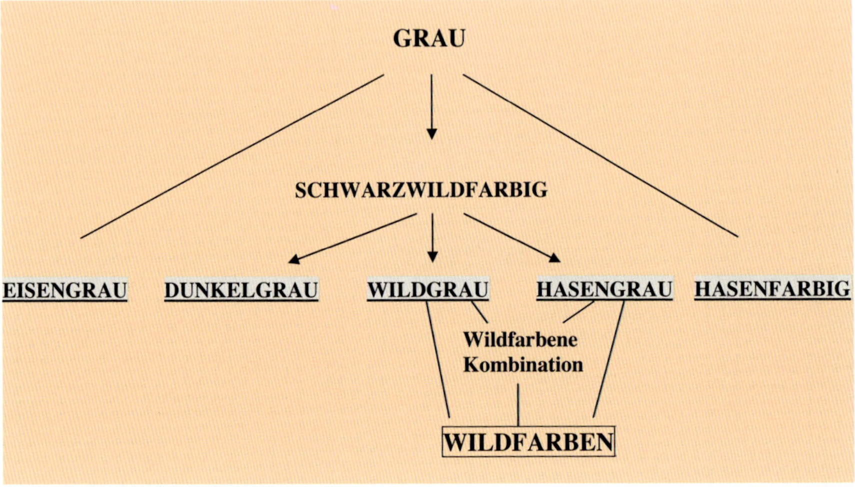

Bei der Zuchtbuchführung und der Meldung der Tiere in eine Zuchtgruppe Eisen-/Dunkelgrau ist weiterhin für jedes Tier zu prüfen und anzugeben, zu welchem Genotyp es gehört. Die einfachsten Unterscheidungsmerkmale zur Einstufung nach Eisengrau sind:

- die schwarzgraue Färbung auf dem Rücken mit grau-brauner Sprenkelung und
- das gänzliche Fehlen einer Zwischenfarbe (vgl. aber weiter unten).

Bei Wildfarben bzw. Hasenfarbig sollte man ebenfalls tunlichst prüfen, ob die wesentlichen Kennzeichen gegeben sind.

- In einer wildfarbenen Zuchtgruppe haben Zwergwidder mit schwarzgrau bis dunkelgrau gefärbtem Rumpf, mit fehlender Sprenkelung auf der Blumenoberseite und mit dunkelgrauer Bauchdeckfarbe ebenso wenig zu suchen wie solche mit rotbraun gefärbtem Rumpf und lohfarbiger Bauchdeckfarbe.
- In einer solchen Zuchtgruppe haben Zwergwidder ohne jegliche Zwischenfarbe ebenso wenig zu suchen wie solche mit lohfarbiger Unterfarbe in der Bauchmitte.
- In einer hasenfarbigen Zuchtgruppe haben Zwergwidder mit dunkelgrauer und weißer Bauchdeckfarbe nichts zu suchen, aber eigentlich auch nicht mit nur cremefarbiger Bauchdeckfarbe.

Nach den eindeutigen Erkenntnissen meines Kollegen Christoph Joerges, seines Zeichens Herauszüchter der hasenfarbigen Zwergwidder, haben in einer solchen Zuchtgruppe Tiere mit blauer Unterfarbe in der Bauchmitte ebenfalls nichts zu suchen. (Das Gleiche gilt nach seiner Ansicht auch für Hasenkaninchen, Deilenaar, Kastanienbraune Lothringer, hasenfarbige Farbenzwerge und so weiter.)

Damit sind die eindeutigen Fälle fast schon aufgelistet. Bei der Zuchtgruppenbewertung ist es im Falle unpassender Zusammenstellung sicherlich Ermessenssache, ob die deutlichen Farbabweichler wegen starker Typabweichung in Position 6 mit „nicht befriedigend" bewertet werden oder ob die vier gemeldeten Tiere entsprechend ihren tatsächlichen Farben als Einzeltiere bewertet werden – mit korrigierter Farbangabe auf den betreffenden Bewertungsurkunden.

Nach diesen einleitenden Erläuterungen können wir uns sicherlich bei der Besprechung der Farbenschläge relativ kurz fassen.

Eisengraue Zwergwidder (AABeBCCDDGG)

Die eisengraue Fellfärbung entsteht durch die mutative Veränderung des Erbfaktors B zu Be. In reinerbiger Kombination der Anlage für Eisengrau sind die Tiere fast einfarbig schwarz („Schwärzlinge"). Die typentsprechenden eisengrauen Zwergwidder sind Heterozygoten, das heißt nur in spalterbiger Form (BBe) ausstellungsfähig. Das Fehlen der Zwischenfarbe wird durch den Faktor Be bewirkt, ist also kein Fehler, demgegenüber gilt die Sprenkelung der schwarzen Blumenoberseite als schwerer Fehler. Zum Zuchtstand verweise ich auf den folgenden Abschnitt.

Dunkelgraue Zwergwidder (AABBCCDDGG)

Die dunkelgrauen Zwergwidder sind die dunkelste Variante der genetisch schwarzwildfarbigen Tiere. Sie sollen eine leicht angedeutet bräunliche Zwischenfarbe haben. Die Blumenoberseite darf, muss aber nicht leicht gesprenkelt sein, denn bei den dunkelgrauen Zwergwiddern ist eine schwarze Blumenoberseite nach dem neuen Standardtext weder ein leichter noch ein schwerer Fehler. Nach Eknigk (a.a.O.,

1,0 Zwergwidder, dunkelgrau (W. Apitsch, Niemberg). Foto: Majaura

S. 32) bewirkt die Zunahme sehr dunkler Pigmente im Haar nicht nur die Veränderung der Haarspitzen, sondern auch die rotbraunen bis bräunlichen Tönungen im Bereich der Zwischenfarbe. Eben diese Zwischenfarbe ist das sicherste Merkmal, um sie von den Eisengrauen zu unterscheiden. Es gibt aber auch Vertreter ohne Zwischenfarbe, aber mit typisch dunkelgrauer Deckfarbe und gesprenkelter Blumenoberseite – eben fehlfarbige Mischlinge, die auf Ausstellungen nichts zu suchen haben.

Selten trifft man reine eisengraue oder dunkelgraue Zuchtgruppen an. Kombinierte dunkel-/eisengraue Zuchtgruppen nehmen hingegen deutlich an Zahl und Qualität zu. Von den 15 Zuchtgruppen in Erfurt wurden durchschnittlich 384 Punkte erreicht, was sicherlich auf die überdurchschnittliche Typ- und Fellhaarqualität zurückzuführen ist. An der Spitze lagen vier Zuchtgruppen mit 385,5 Punkten; DM wurde H. Bierschenk, Harleshausen.

Wildfarbene Zwergwidder (AABBCCDDGG[Y_1?])

Die wildfarbenen Zwergwidder bilden den stark verbreiteten Kernbereich der schwarzwildfarbigen Zwergwidder. Eigentlich handelt es sich – wie wir gesehen haben – um zwei klassische Farbenschläge, nämlich Wildgrau und Hasengrau. Hinzu kommen die nicht mehr aus der Welt zu schaffenden diversen Kombinationen dazwischen, was trotz einfacher Zählung drei Farbenschläge ausmacht. Tiere mit eindeutig wildgrauer Färbung der Rumpfoberseite und dennoch cremefarbiger Bauchdeckfarbe und relativ breiter Zwischenfarbe kommen ebenso vor wie solche mit rötlich anmutender Rumpfoberseite, schwächlicher Zwischenfarbe und kaum gesprenkelter Blumenoberseite. Zu mehr Einheitlichkeit kann nur eine eindeutige und einheitliche Bewertung führen.

1,0 Zwergwidder, wildfarben (Stefan Ackermann, Höchstädt). Foto: Dirk Wortmann

Hier noch einige praktische Hinweise: Bei der Zucht der Farbe muss auf ein klares Farbenspiel im Trichter und eine saubere Abgrenzung der Zwischenfarbe geachtet werden. Auch eine am Haarboden stark nach Weiß hin aufhellende Unterfarbe gilt es, konsequent zu verdrängen. Keine Probleme dürfte die Zucht des Typs und guter Felle aufwerfen, denn aufgrund der starken Verbreitung gibt es diesbezüglich schon hervorragende Vertreter in ausreichender Zahl. Auf der 30. Bundekaninchenschau in Erfurt wurden die Bundes- und Klassensieger mit 97,5 Punkten ausgezeichnet. Die Zuchtgruppe des DM Uwe Rudolph, Groitsch, erreichte 387,0 Punkte.

Hasenfarbige Zwergwidder (AABBCCDDGG$Y_1Y_2Y_3$...)

Im Rahmen der Herauszüchtung und Verbesserung der lohfarbigen Zwergwidder (dazu später mehr) fielen in Würfen meines Kollegen Christoph Joerges, Lüdinghausen, auch hasenfarbige, deren Auftreten aufgrund der Verstärkung der Y-Faktoren – Loheffekt! – nicht überraschen dürfte. Sie sollen in ihrer farblichen Erscheinung der Rasse Hasenkaninchen, rotbraun, möglichst nahekommen. Dieses Ziel ist durch konsequente Auswahl der intensivsten Y-Träger zu verfolgen. Es ist anzunehmen, dass die ersten Vertreter aufgrund der genetischen Bedingungen zunächst spalterbig waren (vgl. DKZ Nr. 17/1995, S. 10).

Inzwischen ist offenbar Reinerbigkeit und ein deutlicher Typfortschritt erreicht worden. Die sechs in Erfurt ausgestellten Zuchtgruppen hatten keine nb-Bewertung und erreichten einen Durchschnitt von etwa 381,5 Punkten; DM war Brigitte Joerges, Lüdinghausen.

Weiße Zwergwidder, Rotaugen (aa??...)

Für diese weißen Zwergwidder, die reine Albinos sind, kann ebenfalls eine starke Verbreitung festgestellt werden, jedoch ist der Anteil leicht rückläufig (Erfurt 2011: 296). In den letzten Jahren wurde der Zuchtstand des Typs deutlich vervollkommnet. In den meisten Zuchten gibt es beim Größenrahmen keine Probleme mehr. Die längliche, teilweise leicht verjüngte Körperform ist so gut wie verschwunden und von den blockigen Typen mit kurzem Rumpf verdrängt worden. Der Anteil vorzüglicher Tiere, die – im Typ fast vollkommen – bei 1650 bis 1800 g liegen, hat sich vervielfacht.

Züchterisch am meisten gesündigt wurde meines Erachtens nach lange Jahre beim Fellhaar. Hier wurde, um einen möglichst markanten Eindruck von der Kopfbildung zu erwecken, doch eine recht lange Behaarung toleriert und zu Unrecht hoch bewertet. Zu Recht spricht Volker Ruble in seinem Rassebericht (DKZ 6/2001) von „Problemfellen“. Solche Tiere wurden lange Zeit zahlreich zur Zucht eingesetzt. Die mit der Standardänderung verbundene konsequentere Bewertung in Position 3 hat in den letzten Jahren aber schon Früchte getragen, sodass auch hier der Tüchtigkeit der Züchter ein Lob auszusprechen ist.

Wer in der Spitze vertreten sein will, der muss schon – wie in Erfurt – 97,5 oder gar 98,0 Punkte erreichen. Die Zuchtgruppe des DM Volker Götz, Kirchheim Teck, erreichte 388,5 Punkte.

Der Neueinsteiger sollte die Fellqualität eingehend prüfen, denn es gibt in ausreichender Verbreitung bezüglich der Felle und des Typs vorzügliche Vertreter der Rasse. Ein leuchtendes weißes Haarkleid ist teilweise erbbedingt, teilweise pflegebedingt. Wo die beste Pflege nichts hilft, ist züchterische Konsequenz angesagt. Oft handelt es sich hier um die bereits ange-

1,0 Zwergwidder, weiß RA (Ch. Gäng, Oberhausen). Foto: B&S Fotostudio

sprochenen „wolligen Dauerhaarer". Daher sollte man auch beim Glanz genau hinschauen. Ein leicht elfenbeinfarbiger Glanz zeichnet die besten und dichtesten Felle aus, vor allem an den kürzer behaarten Körperstellen.

Weiße Zwergwidder, Blauaugen (AA??...xx)

Einen festen Züchterkreis haben sich die leuzistisch weißen Zwergwidder erobert (Erfurt 2011: 185) und sind inzwischen sogar im Herdbuch vertreten. Ihre Herauszüchtung ist das Verdienst des bekannten Preisrichters und Hermelin-Blauaugen-Züchters Dr. Werner Wein, Ludwigsburg, der im Oktober 2001 hochbetagt verstorben ist (vgl. die vorzüglichen Rasseberichte von Siegfried Liedtke: DKZ 7/2002 und Gerhard Lutter: Kaninchenzeitung 19/2005). Zu Beginn des Kapitels haben wir den Unterschied zum Albinoweiß erklärt und können uns daher mit anderen Zuchtproblemen befassen.

Die ursprünglich starken Qualitätsunterschiede in den ersten drei Positionen gehören der Vergangenheit an. Im Allgemeinen gibt es heute in guten Zuchten keine Probleme mehr, was sicherlich auch durch das Einkreuzen von rotäugigen Zwergwiddern erreicht wurde.

Die Verbesserung über die albinotischen Zwergwidder stellte keine großen Anforderungen an theoretische Kenntnisse. Die Nachkommen der F_1-Generation sind allesamt farbig mit mehr oder weniger ausgeprägten Holländerabzeichen. In der F_2-Generation sind drei von 16 Tieren weiße Kaninchen mit blauen Augen, aber nur eins von ihnen ist reinerbig (AAxx). Zwei von ihnen tragen versteckt den Albinofaktor (Aaxx), sodass bei ihrem Einsatz später Albinos fallen werden. Von den vier rotäugigen Nachkommen weist eins eine Besonderheit auf. Es hat die Erbformel aaxx und ist sowohl reinerbig albinotisch

0,1 Zwergwidder, weiß BlA (G. Lutter, Münchberg). Foto: G. Lutter

als auch reinerbig leuzistisch, das heißt, bei der Verpaarung mit Albinos fallen zu 100 % Rotaugen, bei der Verpaarung mit reinerbigen Leuzisten fallen zu 100 % Blauaugen, die aber allesamt im Faktor A (=Aa) spalterbig sind.

Genauere Ausführungen zum Erbgang können an anderer Stelle nachgelesen werden (H. Niehaus, Band I, S. 73 ff.; W. Hornung, Geflügel-Börse 20/1989, S. 15 ff.).

Dieses natürlich genehmigungspflichtige Kreuzungsverfahren erübrigt sich aber aufgrund des erreichten Zuchtstandes, denn in den Spitzenzuchten stehen die blauäugigen den rotäugigen Zwergwiddern kaum nach.

In Erfurt 2011 war vor allem die Ausgeglichenheit der Zuchtgruppen überzeugend ohne ein einziges nb-Tier bei einem Durchschnitt von über 384,0 Punkten und der Meisterschaftsvergabe mit 385,5 Punkten: Barbara Schneemann, Duderstadt.

Perlfehfarbige Zwergwidder (AABBCCddGG)

Wie die Erbformel zeigt, handelt es sich hier um ein blauwildfarbiges Kaninchen. Sein Name weist auf eine Eigentümlichkeit seiner Farbe hin, und zwar die Perlung, welche den Vergleich mit dem sibirischen Eichhörnchen (Feh) nahelegte. Obwohl sich die Standard-Fachkommission des ZDRK von Anfang an auf „perlfehfarbig“ als Farbenschlag der Zwergwidder festgelegt hat (vgl. Standard 2004 S. 343), tauchten auf den Ausstellungen, in Computerprogrammen und in den Katalogen Vertreter der Rasse unter der Bezeichnung „blaugrau“ auf, was eine ausführliche Klärung der Unterschiede zwischen diesen beiden blauwildfarbigen Varianten in der Fachpresse veranlasste (W. Hornung, Kaninchenzeitung 3/2005, S. 50/51). Die detaillierte Gegenüberstellung der Unterschiede mag dort nachgelesen werden.

1,0 Zwergwidder, perlfehfarbig (M. Wessels, Dorsten). Foto: Tobias Reinmuth

In diesem Zusammenhang bleibt festzuhalten, dass der Effekt der Perlung dadurch hervorgerufen wird, dass die dunkelblau gespitzten Grannenhaare nicht bündelweise beisammenstehend erscheinen sollen, sondern fein vereinzelt und regelmäßig verteilt. Im Zusammenspiel mit der bei den Blauwildfarbigen hellgrau abgetönt erscheinenden Wildfarbzone wird der Eindruck einer Feinperlung hervorgerufen: „wie Salz und Pfeffer fein gestreut". Sie steht in einem gewissen Gegensatz zur Schattierung bei den grauen, den nicht anerkannten blaugrauen und den chinchillafarbigen Tieren, bei denen die Grannenhaare bündelweise beisammenstehend erscheinen. Die Wildfarbigkeitsabzeichen treten bei den Perlfehfarbigen nicht so klar in Erscheinung wie bei den Wildgrauen, sind aber dennoch deutlich erkennbar. Die Zwischenfarbe ist schwach ausgeprägt, die Unterfarbe soll blaugrau sein. Wie bei grauen Farben treten gelegentlich sogenannte helle Binden an den Vorderläufen auf. Es sind dies fast einfarbige, schwach gefärbte Zonen, die man durch entsprechende Zuchtauslese relativ leicht zurückdrängen kann.

Entsprechend seiner genetischen Nähe zu den wildgrauen Tieren ist das Perlfehkaninchen ein Träger ausgesprochen guter Felle, die im speziellen Fall darüber hinaus besonders kurz erscheinen.

Zwischen der relativen Kürze der Felle und dem optischen Effekt der Perlung besteht offensichtlich ein direkter Zusammenhang, denn die blauwildfarbigen Zwergwidder, die mehr zur Schattierung tendieren (= blaugrau), haben in aller Regel auch die untypischere längere Behaarung. Daher ist besonders auf Kürze und Dichte des Fellhaares zu achten.

Ursprüngliche Probleme mit der Kürze und Trageweise des Behangs haben sich weitgehend erledigt. Eine Verbesserung des Typs wurde sicherlich über wildgraue Tiere erreicht. Als Schwierigkeit ist allerdings die Auslese in Richtung auf Perlung statt Schattierung zu erwähnen. Behänge, Fellstruktur und Größenrahmen scheinen nur noch vereinzelt Probleme zu bereiten (vgl. DKZ 16/2002, S. 12).

Mittlerweile achten die Zuchtrichter konsequenter auf die Anforderungen an das Fellhaar und die Perlung, sodass Zuchtgruppenergebnisse wie die von Heike Perlitius, Döbeln, mit 387,5 Punkten (Nürnberg 2005) seltener geworden sind. Für die Qualität dieser Zucht spricht jedoch, dass diese Züchterin auch 2011 in Erfurt mit 384,5 Punkten als DM ausgezeichnet wurde.

Gelbe Zwergwidder (AAbbCCDDGG Y_1 Y_2...)

Bei den gelben Tieren handelt es sich – genetisch gesehen – um die wildfarbige Variante der stark verbreiteten thüringerfarbigen, das heißt gelb-nichtwildfarbigen Zwergwidder. Nachdem sie zum ersten Mal 1987 in Stuttgart vorgestellt worden waren, ging es zunächst mit ihnen hinsichtlich der Ausstellungsfreudigkeit bergab, bis sie auf der 22. Bundesschau den Durchbruch schafften.

Den Züchtern schwebt ein gelbwildfarbiger Zwergwidder vor, der farblich den Kleinsilbern, gelb, entspricht, natürlich ohne die Silberungsfaktoren (P1 P2...); sie haben sich auf eine Farbbeschreibung geeinigt, wie sie in der Lehrschrift 52/1994, S. 56 von Alfred Franke dargestellt wurde.

Wichtigstes Unterscheidungsmerkmal zu den roten Artgenossen sind die weißen Wildfarbigkeitsabzeichen. Angesichts der Qualität der vorhandenen thüringerfarbigen und wildgrauen Zwergwidder, die sich zur Kombination von Gelb und Wildfarbigkeit angeboten hätten, erscheint es doch sehr erstaunlich, welche Rassen und

1,0 Zwergwidder, gelb (Korbinian Schmidt, Peiting). Foto: Dirk Wortmann

Farbenschläge nach Berichten beteiligter Züchter tatsächlich bei der Herauszüchtung eingesetzt wurden: Farbenzwerge, rot, Deutsche Kleinwidder, gelb, Zwergwidder, blau, und Sachsengold. Kein Wunder also, dass am Typ nach wie vor ebenso stark gearbeitet werden muss wie an der Farbe. Insbesondere der Größenrahmen, der Kopftyp, der graue Anflug in der Decke und der dunkle Anflug an den Ohrenrändern machen vielfach weiterhin zu schaffen.

Wie die Ergebnisse der 18 in Erfurt vertretenen Zuchtgruppen zeigen, sind die Qualitätsunterschiede noch sehr groß. DM wurde Heidrun Rust Neuwied mit 382,5 Punkten.

Rote Zwergwidder (AAbbCCDDGG Y_1 Y_2 Y_3...)

Wie bei den deutschen Widdern und bei den Deutschen Kleinwiddern sind laut Standardtext sowohl der gelbe als auch der rote Farbenschlag anerkannt. Zielbestimmend für die roten Zwergwidder ist eine Intensivierung der Farbe wie beim Roten Neuseeländer, was nur durch Verstärkung der sogenannten Y-Faktoren zu erreichen ist (vgl. Erbformel). Obwohl man die Wildfarbigkeitsabzeichen bei typgerechter Färbung aufgrund der intensiven Rotfärbung nur noch schwach erkennen kann, handelt es sich um einen gelb- oder besser rot-wildfarbigen Farbenschlag.

Zehn Zuchtgruppen waren in Erfurt vertreten und zeigten wie die gelben in manchen Zuchten recht deutliche Schwächen. Die Intensivierung der Farbe im Bereich der Abzeichen, vor allem am Bauch und an der Blumenunterseite ist nach wie vor eine vorrangige Aufgabe der Züchtung. Die ersten Vertreter dieses Farbenschlags wurden in Nürnberg 1991 und 1997 von Zfr. José Toro präsentiert. Die DM wurde 2011 in Erfurt an Margot Stumpf, Witten, mit 382,0 Punkten vergeben. Dies ist also

1,0 Zwergwidder, rot (H. Kuckluck, Wuppertal). Foto: Tobias Reinmuth

ein Farbenschlag für Züchter, die eine besondere Herausforderung suchen.

Luxfarbige Zwergwidder (AABBccddGG)

Hierbei handelt es sich um die wildfarbige Variante der fehfarbigen Zwergwidder. Bisher ist dieser Farbenschlag noch nicht auf Bundesebene gezeigt worden. Bei der Herauszüchtung müsste auf die stehohrigen Luxkaninchen zurückgegriffen werden, denn einen havannabraun-wildfarbigen Farbenschlag zur Kombination mit den vorgenannten gibt es weder bei den Zwergwiddern noch bei irgendeiner anderen Rasse.
Somit stehen die luxfarbigen Zwergwidder nur auf dem Papier in der Gesamtübersicht der anerkannten Farbenschläge und sollten ebenso wie die luxfarbig-weiß gescheckte Variante gestrichen werden.

Chinchillafarbige Zwergwidder ($a^{chi}a^{chi}$BBCCDDGG)

Die Mutation des Pigmentbildungsfaktors A zu a^{chi} hat ein im Prinzip wildfarbiges Kaninchen zur Folge, dem lediglich der gelbe Farbstoff fehlt. Die Zwischenfarbe ist daher Weiß, die Deckfarbe an den Wildfarbigkeitsabzeichen einschließlich des Nackenkeils ebenfalls. Durch das Fehlen von Gelb bzw. Rot oder Rotbraun erscheint die Deckfarbe statt Graubraun bläulich Aschgrau.

Je klarer das Spiel der Farben Aschgrau (Decke), Schwarz (Schattierung), Weiß (Wildfarbigkeitsabzeichen) und Dunkelblau (Unterfarbe) ist und je leuchtender die Zwischenfarbe in Erscheinung tritt, desto wertvoller sind die Tiere. Eine Verbesserung des Typs ist gezielt durch Einkreuzen hervorragender wildgrauer Zwergwidder erreicht worden. In der F_1-Generation fallen zwar nur wildgraue Nachkommen, verpaart man aber diese miteinander, so

1,0 Zwergwidder, chinchillafarbig (A. Wiehn, Kaiserslautern) Foto: B&S Fotostudio

erhält man in der F_2-Generation bereits 25 % chinchillafarbige Nachkommen, die allesamt reinerbig sind. Wie die „grauen" Zwergwidder zeigen sie allerdings gern helle Binden an den Vorderläufen.

Bei der Beurteilung der Schattierung ist auf die Kürze der Behaarung Rücksicht zu nehmen. Dennoch ist von einem Zuchteinsatz solcher Tiere abzuraten, die fast schon eine Perlung aufweisen.

Teilweise wurde anfangs die Verbesserung des Typs auch über schwarze Zwergwidder gesucht, sodass infolge der Schwächung des Farbverteilungsfaktors (G) von klarer Zwischenfarbe nur selten die Rede sein konnte. Das gelegentliche Auftreten eines bräunlichen Anflugs in der Decke deutete ebenfalls auf solche „Sünden" hin.

Unter dem Strich bewegt sich dieser Farbenschlag – in Erfurt mit zwölf Zuchtgruppen vertreten – auf dem Niveau der vorgenannten Farbenschläge mit nach wie vor recht deutlichen Qualitätsschwankungen. Die Zuchtgruppe von Herbert Gross, Messerich, wurde mit 383,0 Punkten DM. Das Farbenspiel mit schwarz schattierter Deckfarbe, sauber abgegrenzter schneeweißer Zwischenfarbe und dunkelblauer Unterfarbe zieht nach wie vor einen gesicherten Züchterstamm in seinen Bann.

Schwarze Zwergwidder (AABBCCDDgg)

Mit den grauen und den albinotisch weißen Zwergwiddern zählen die schwarzen zu den stark verbreiteten Farben (Erfurt 2011: 214). Entsprechend weit entwickelt sind der Typ und die Felle in den Spitzenzuchten. Sorgen macht in einigen Zuchten der versteckte Holländerfaktor, der zu einzelnen weißen Haaren in der Decke bis hin zu weißen Büscheln oder pigmentlosen Krallen führt. Den Züchtern schwarzer Zwergwid-

1,0 Zwergwidder, schwarz (H. Johannknecht, Bad Westernkotten). Foto: B&S Fotostudio

der kann nur angeraten werden, sich nicht durch übertriebenes Putzen oder „Schaufertigmachen" selbst zu betrügen, denn zwangsläufig führt der kontinuierliche Zuchteinsatz solcher Tiere zu einer Addition der Holländerfaktoren, die schließlich zum Neubeginn zwingt.

Ein weiteres Problem sind die häufig am Boden aufgehellten Unterfarben, dies vor allem bei Tieren mit etwas langer Behaarung. Tiere mit intensiv dunkelblauen Unterfarben sind bevorzugt einzusetzen. Allerdings berichten Spezialzüchter, dass gerade bei diesen die unerwünschten weißen Haare in der Decke besonders gern auftreten, womit sich der Teufelskreis schließt. Also gilt es, wachsam auf beides zu achten.

In einigen Zuchten treten Tiere mit insgesamt schwacher Pigmentbildung auf, die gern zum Rostanflug neigen. Diese sollte man möglichst nicht in die Zuchtplanung einbeziehen (vgl. Johannes Bongartz, DKZ 16/2001).

Bei seiner Tätigkeit als Preisrichter sind dem Verfasser in der letzten Zeit immer häufiger schwarze (und blaue und graue und ...) Zwergwidder aufgefallen, bei denen deutlich aufgehelltes bis weißes Fellhaar zwischen den Zehen der Vorderläufe hindurchwuchs. Andersfarbige Zehenpunkte bei schwarzen, blauen, grauen usw. Zwergwiddern sind je nach Intensitätsgrad ein leichter bis schwerer Fehler. Nur bei den lohfarbigen Zwergwiddern sind lohfarbige Zehenpunkte – bei den weißgrannenfarbigen entsprechend weiße Zehenpunkte – ein erwünschtes Rassemerkmal. Spitzenzuchten mit vorzüglicher Fellhaarstruktur und entsprechend glänzendem schwarzem Lack können es mit den besten Grauen und Weißen aufnehmen wie die in Erfurt mit 386,5 Punkten bewertete Zuchtgruppe des DM Jürgen Hölter, Borken.

Blaue Zwergwidder (AABBCCddgg)

Über die blauen Zwergwidder liegen Rasseberichte von Henry Majaura (DKZ 22/2002) und Zdenek Rosenfeld (Kaninchenzeitung 3/2003) vor. Dieser seit gut zwanzig Jahren bei uns gezüchtete Farbenschlag hat in den letzten Jahren erkennbar aufgeholt. Aufgrund der genetischen Voraussetzungen zeigen sich bei den Blauen im Prinzip die gleichen Farbprobleme wie bei den Schwarzen. Ihre Farbe soll der des Blauen Wienerkaninchens entsprechen und wie beim schwarzen Zwergwidder in vollem Glanz und Lack erscheinen. Erfahrungen mit den Blauen Wienern legen den Hinweis nahe, dass die Tiere nicht zu dunkel werden dürfen.

Gelegentlich auftretende Zwischenfarbe muss züchterisch ebenso bekämpft werden wie die Gefahr von Holländerabzeichen, auf die Majaura hinweist.

Die ursprünglich recht geringe Verbreitung machte sich lange Zeit in einer deutlichen Streuung der Qualität in den einzelnen Zuchten bemerkbar.

Betrachtet man die Melde- und Bewertungsergebnisse seit der 22. Bundesschau, so kann man feststellen, dass nicht nur in quantitativer Hinsicht ein Aufschwung erreicht wurde (Erfurt 2011: 180), sondern dass auch im Hinblick auf die Qualität vor allem bei den Spezialzüchtern ein gewaltiger Sprung nach vorn getan worden ist. Hier hat der leider viel zu früh verstorbene Spezialzüchter Franz Kopfinger, Neuburg/Inn, Vorzügliches geleistet. Seine Erben stehen ihm in nichts nach. Die 386,5 Punkte des DM Moritz Burth, Ravensburg, wurden in der Jugendabteilung noch getoppt durch die 387,0 Punkte des DJM Lukas Twent, Billerbeck.

1,0 Zwergwidder, blau (Lukas Twent, Billerbeck). Foto: Tobias Reinmuth

Havannafarbige Zwergwidder (AABBccDDgg)

Bei den havannafarbigen Zwergwiddern, die auf den Bundeskaninchenschauen konstant mit um die zehn Zuchtgruppen vertreten sind, teilen sich Licht und Schatten. DM mit 383,0 Punkten wurde in Erfurt Thomas Happel, Haina. Spitzenbewertungen sind recht selten. Woran liegt das? Als einfarbig kaffeebraunes Kaninchen hat der havannafarbige Zwergwidder die Farbprobleme der schwarzen und blauen in gesteigerter Form, insbesondere auch im Hinblick auf die möglichst intensive blaue Unterfarbe und den Rostanflug. Die Schwierigkeiten der Farbe sind mit dafür ausschlaggebend, dass der Farbenschlag mehr oder weniger auf der Stelle tritt, obwohl der Typ bereits deutlich verbessert wurde. Einer ähnlich positiven Entwicklung wie bei den Farbenzwergen sollte dennoch nichts im Wege stehen.

Thüringerfarbige Zwergwidder (AAbbCCDDgg Y_1...)

Die thüringerfarbigen Zwergwidder sind von Anfang an sehr gut verbreitet gewesen und stellten auf den Bundesschauen zwischen gut 10 % und knapp 20 % der Rasse (Erfurt 2011: 232). Hier gibt es schon hervorragende Typen und gute Fellträger, aber lange Zeit war es offenbar schwierig, diesen Farbenschlag im Größenrahmen zu halten (vgl. den Rassebericht von Renate Biermann, DKZ 3/2003). Genetisch gesehen ist die Thüringerfarbe entstanden aus der Kombination von Gelb- bzw. Rotfarbigkeit und Nichtwildfarbigkeit, die eine andere Erscheinungsform von Gelb bzw. Rot bewirkt als in der Kombination mit

1,0 Zwergwidder, havannafarbig (Martin Fries, Rauschenberg). Foto: Tobias Reinmuth

1,0 Zwergwidder, thüringerfarbig (P. Richter, Wetzlar). Foto: B&S Fotostudio

dem Wildfarbigkeitsfaktor (vgl. Eknigk, Bd 1, S. 66). Die Nichtwildfarbigkeit macht die Ausprägung des typischen Schleiers und der Abzeichen möglich.

Bei der Zucht der Farbe muss besonders auf die Unterfarbe des Rückens geachtet werden, die kräftig gelbrot verlangt wird. Recht häufig trifft man noch Vertreter dieses Farbenschlags an, bei denen die Unterfarbe mattgrau bis bläulich ist. Blaue Unterfarbe gilt aber als schwerer Fehler. Für die Zuchtauslese kann nur angeraten werden, rechtzeitig zu handeln und matte Unterfarben frühzeitig aus der Zucht zu entfernen. Ebenso ist auf eine satte gelbrötlich braune Deckfarbe und gut ausgeprägte Abzeichen zu achten. Ein zu intensiver Seitenstreifen geht oft mit einem fast gänzlich dunklen Kopf einher, ein schwacher Seitenschleier tritt gern in Kombination mit einer schwachen Maske auf.

Auch hier ist wie so oft der goldene Mittelweg zu suchen.

Wege zur Verbesserung sind angesichts der guten Verbreitung dieses Farbenschlags und seit Nürnberg 2005 demonstrierten Zuchtstands ohne Schwierigkeiten zu finden. Die DM-Zuchtgruppe von Stefan Töpper, Ludwigsburg, erreichte in Erfurt 387,5 Punkte; nur einen halben Punkt dahinter lag DVM Rainer Breker, Borgentreich.

Fehfarbige Zwergwidder (AABBccddgg)

Die bereits besprochenen perlfehfarbigen, also blauwildfarbigen Zwergwidder dürfen nicht verwechselt werden mit den fehfarbigen, um die es hier geht. Sie wurden vor etwa 15 Jahren herausgezüchtet (vgl. DKZ

1,0 Zwergwidder, rhönfarbig (B. Graf, Neustadt). Foto: B&S Fotostudio

14/1989), werden aber immer noch recht selten gezeigt. Wir wollen hier nur kurz die Erbanlage der fehfarbigen Zwergwidder erläutern.

Wie beim Marburger Feh und im Gegensatz zum Perlfeh fehlt der Wildfarbigkeitsfaktor. Die Fehfarbe selbst beruht auf einer reinerbigen Kombination der Anlage für Blau mit der für Havannabraun.

Neben den üblichen Zuchtaufgaben hinsichtlich des Typs und des Fellhaares ist hier besonders darauf zu achten, dass Tiere, bei denen sich – wie bei den Marburger Feh beobachtet – Zwischenfarbe andeutet, konsequent aus der Zucht entfernt werden. Die vier in Erfurt ausgestellten Zuchtgruppen zeigten ein hohes und ausgeglichenes Niveau. Thomas Happel, Haina, wurde wie bei den havannafarbigen Zwergwiddern DM, hier mit erstaunlichen 385,5 Punkten.

Rhönfarbige Zwergwidder ($a^{chi}a^{chi}b^{j}b^{j}$CCDD GG oder gg oder $g^{\circ}g^{\circ}$...)

Dieser vom Verfasser Ende der 1980er-Jahre herausgezüchtete und seitdem ununterbrochen gezüchtete Farbenschlag wurde zum ersten Mal auf der Bundesrammlerschau 1991 in Dortmund als Neuzüchtung gezeigt. Bereits mit dem neuen Einheitsstandard 1991 erfolgte die Anerkennung. Dies war weiter nicht verwunderlich, denn nahm man die damalige Standardbeschreibung der zugelassenen Farbenschläge bei den Widderzwergen ganz wörtlich, so hatten die rhönfarbigen seit der Aufnahme des Rhönkaninchens in den Standard als anerkannt zu gelten. Erst seit dem Standard 1997 sind die zugelassenen Farbenschläge präziser erfasst.

Farbe und Zeichnung des Rhönkaninchens entstehen durch die reinerbige Kombination des Chinchillafaktors mit der Anlage für die Japanerzeichnung. Auf die neuere Diskussion über die genetische Lokalisierung des „Japanerfaktors“ soll hier verzichtet werden. Für die Erzüchtung der Zwergwidder mit Rhönzeichnung wurde nicht auf Rhönkaninchen, sondern auf japanerfarbige und chinchillafarbige Zwergwidder zurückgegriffen, was besonders hinsichtlich der Behangprobleme als der einfachere Weg angesehen wurde (vgl. den genauen Züchtungsbericht: DKZ Nr. 8/1991, S. 10ff.).

Bei diesem klassischen dihybriden Erbgang, das heißt einem Erbgang, bei dem die Nachkommen der F_1-Generation zweifach spalterbig sind (Aa^{chi} Bb^{j}), weil die Eltern sich in zwei Merkmalspaaren unterscheiden, fallen zunächst wildgraue F_1-Nachkommen. Verpaart man diese miteinander, so erhält man auf die große Zahl gesehen ein Sechzehntel rhönfarbige Nachkommen, die bezüglich der Farbe sofort reinerbig sind, da es sich um die Kombination rezessiver Anlagen handelt. Inzwischen wurden – wie schon mehrfach mitgeteilt – im Typ sehr überzeugende weißgrannenfarbig-schwarze Zwergwidder zur Verbesserung eingesetzt. In den Streit, ob nun die Vertreter mit Wildfarbigkeitsfaktor (GG) oder die mit dem Lohfaktor ($g^{o}g^{o}$) die besten Farbträger seien, wollen wir uns an dieser Stelle nicht einmischen. Rhönfarbige Zwergwidder mit der Erbanlage gg (Nichtwildfarbigkeit) oder spalterbige Vertreter mit der Anlage $b^{j}b$ – Letztere infolge wenig sinnvoller Einkreuzung von schwarzgrannenfarbigen – fallen durch eine unsaubere Grundfarbe auf. Vorstehende Befunde legen die Mahnung an die Einhaltung der Zuchtvorschriften nahe.

Der rhönfarbige Farbenschlag konnte in wenigen Jahren deutlich verbessert werden, zumindest in der Spitze (vgl. auch DKZ Nr. 12/1996, S. 6 ff.). Auf der 30. Bundeskaninchenschau (Erfurt 2011) wurden 18 Zuchtgruppen präsentiert. DM Helene Rolfes, Kroge, und DVM Pius Schweizer, St. Peter, konnten stolze 386,0 Punkte verbuchen. Dieser reizvolle Farbenschlag mit den schwierigen Anforderungen an Typ, Zeichnung und Farbe hat eine recht gute Verbreitung und einen treuen Züchterstamm gefunden.

Hototfarbige Zwergwidder ($AABBCCDDggKks_1s_2$...)

Bei den hototfarbigen Zwergwiddern handelt es sich um einen sehr aparten Farbenschlag, bei dem die Kombination von Punkt- und Plattenscheckungsfaktoren die eigentümliche Augenringzeichnung bewirkt. Sie verdanken ihre Zulassung als Farbenschlag der Tatsache, dass die Weißen Hotot im Standard irrtümlicherweise nicht in die Klasse der spalterbigen Rassen, Klasse 2, eingereiht worden sind, sondern den Zeichnungsrassen zugeordnet wurden. Hier geht es nach wie vor darum, den Typ zu verbessern. Dabei kann man sowohl auf leuzistisch weiße, als auch auf albinotisch weiße Zwergwidder zurückgreifen. Bei beiden Verfahren besteht aber die Gefahr, dass sich die ohnehin häufig genug auftretenden marmorierten Augen verstärkt bemerkbar machen.

Als engagierte Züchterin dieses Farbenschlags berichtete Sieglinde Rudolf aus Fuldatal bereits 1996 über erstaunliche Zuchterfolge (vgl. DKZ Nr. 2/1996, S. 13). Die dort im Bild dokumentierten hervorragenden Typen haben den „Vätern“ dieses Farbenschlags, Siegfried Liedtke, Meinsberg, und Fidel Krall, Pfullendorf, sicherlich gefallen. Die Verbreitung dieses Farbenschlags stagniert in den letzten Jahren. Typ und Zeichnung stellen zurzeit noch recht hohe Anforderungen, obwohl

1,0 Zwergwidder, hototfarbig (Ulrich Schneemann, Duderstadt). Foto: Tobias Reinmuth

die schwarzen Augenringe als einziges Scheckungsmerkmal und Abzeichen keine größeren Probleme aufwerfen dürften. In Erfurt waren sechs Zuchten vertreten. DM wurde Ewald Kleemann, Welver, mit 383,5 Punkten.

Japanerfarbige Zwergwidder ($AAb^jb^jCCDDgg$ oder ...GG)

In recht bescheidener Zahl präsentierten sich zunächst auf den Bundesschauen die japanerfarbigen Zwergwidder (Essen 1999: vier Zuchtgruppen; Bremen 2001: drei Zuchtgruppen). Hier markiert die 27. Bundesschau in Nürnberg (2005) mit zehn Zuchtgruppen wohl den endgültigen Durchbruch. Diese Präsenz ist offensichtlich konstant, denn in Erfurt 2011 waren ebenfalls zehn Zuchtgruppen vertreten.

Der Farbenschlag ist ein Werk des leider früh verstorbenen Züchters Gerhard Kuschmann, Bochum. Ihm war es aber noch vergönnt, die Anerkennung „seines" Farbenschlages 1994 zu erleben. Kopf- und Ohrenzeichnung, Rumpfzeichnung und Farbe sollen wie beim Japanerkaninchen ausgeprägt sein. Diese Anforderungen werden allesamt in Position 6 bewertet, was die Problematik einer zuchtlenkenden Bewertung bei diesem Farbenschlag besonders deutlich werden lässt. Die unvollständige Mutation von B zu b^j bewirkt die typische Verteilung der Farben Gelb und Schwarz.

Schwierigkeiten hinsichtlich des Größenrahmens und des Fells kommen von den Japanern, die ja als Zeichnungsrasse in der Regel nicht als Träger besonders guter Felle gelten. Die Festigung des regelmäßigen Zeichnungsbildes kommt als weitere

1,0 Zwergwidder, japanerfarbig (B. Graf, Neustadt). Foto: B&S Fotostudio

Aufgabe hinzu, abgesehen von den allgemeinen Verbesserungen des Zwergwiddertyps. Dennoch zeigte eine Bundesschau nach der anderen, welche gewaltigen Fortschritte bei diesem Farbenschlag in einigen Zuchten erreicht wurden. Zu den Züchtern der ersten Stunde zählt Bernd Graf, Neustadt a.d.W. – DM in Nürnberg mit 380,5 Punkten und Bundessieger 2011 in Erfurt mit einem vorzüglichen 1.0; DM wurde auf der 30. Bundeskaninchenschau Thomas Munk, Owen, mit einer Zuchtgruppe von 385,5 Punkten, in der ebenfalls ein V-Rammler war.

Größenrahmen, Typ, Fell und Zeichnungen der heute gezeigten japanerfarbigen Zwergwidder können den Vergleich mit anderen Farbenschlägen ohne Zweifel aushalten, sodass über die Berechtigung der Anerkennung keine Diskussionen nötig sind.

Lohfarbige Zwergwidder (AABBCCDDg^og^o, schwarz; AABBCCddg^og^o, blau; AABBccDDg^og^o, havannafarbig; AABBccddg^og^o, fehfarbig)

Über diesen Farbenschlag – besser gesagt: diese Farbenschläge – hat es seit der Gründung der Interessengemeinschaft (1997) und ihrer Spaltung in zwei Lager (2003: IG Zwergwidder lohfbg schwarz und blau – IG ZwW loh- und wgfbg) eine Zeit lang regelmäßige Fachberichte gegeben (Grübel: Kaninchenzeitung 18/2004, 16/2005 und Schumacher: 3/2007). Inzwischen ist Ruhe eingekehrt. Am stärksten verbreitet sind die lohfarbig schwarzen Zwergwidder, die in Erfurt mit insgesamt zwölf Zuchtgruppen standen (Senioren: 7; Jugend: 5); eine lohfarbig blaue Zuchtgruppe war in

1,0 Zwergwidder, lohfarbig-schwarz (Ch. Joerges, Lüdinghausen). Foto: Kaiser

Erfurt vertreten. In der havannafarbigen und fehfarbigen Variante sieht man sie sozusagen gar nicht.

Die schwarzlohfarbigen Zwergwidder feierten in Dortmund auf der 13. Bundesrammlerschau Premiere. Bei ihrer Herauszüchtung musste auf die stehohrige Ausgangsrasse zurückgegriffen werden, was natürlich lange Zeit zu Problemen insbesondere in Bezug auf das Tragen und die Länge des Behangs führte. Inzwischen sind diese Probleme in Spitzenzuchten behoben.

Dank einer schnellen Verbreiterung der Zuchtbasis und dank der fachkundigen Betreuung durch den Herauszüchter Christoph Joerges, Lüdinghausen, konnte ein enormer qualitativer Aufschwung in der Spitze erreicht werden. Die Anerkennung mit dem Standard 1997 war die logische Folge, zumal die lohfarbigen Zwergwidder Pate gestanden hatten für die hasenfarbigen und die weißgrannenfarbigen, die bereits vorher in der allgemeinen Abteilung ausgestellt wurden.

Christoph Schumacher (DM, 27. BS: 384,5 Punkte und beide Siegertiere) hat in seinem Rassebericht (Kaninchenzeitung 3/2007) die beiden zentralen Aufgaben der Zucht skizziert: Verdrängung der „langen Typen“ unter Beibehaltung der Fruchtbarkeit (vgl. dazu Grübel: 18/2004, S. 19) und Verbesserung der „Intensität der Lohe“.

Dieser anmutige Farbenschlag hat längst seinen festen Züchterstamm, der sich auch von der Aufgabe, das Normalgewicht zu festigen, nicht hat abschrecken lassen. DM in Erfurt wurde der oben genannte Herauszüchter mit 384,5 Punkten und zwei V-Tieren in der Zuchtgruppe. Die in Erfurt gezeigten Zwergwidder lohfarbig blau erreichten 379,0 Punkte.

Marderfarbige Zwergwidder ($a^m a^n BBCCDDgg$, braun; $a^m a^n BBCCddgg$, blau)

Im Inhaltsverzeichnis der Kaninchenzeitung 4/2005 zum ausführlichen Rassebericht von Henri Majaura wird dieser Farbenschlag als anspruchsvolle Zwergrasse angekündigt. Beide Varianten begegnen uns trotz nicht allzu großer Verbreitung regelmäßig auf den Bundesschauen (Erfurt 2011: neun Zuchtgruppen braunmarderfarbige und fünf blaumarderfarbige). Eigentlich müssten die Braunmarder Schwarzmarder heißen, denn ihre Farbe und Zeichnung ergeben sich aus der Kombination des Marderfaktors mit der Anlage für einfarbig Schwarz (und nicht mit Havannabraun). Verlangt wird eine bronzefarbige Decke mit dunklen Abzeichen, die intensiver als bei den Siamesen ausgeprägt sind. Bei den Blaumardern ist die Deckfarbe ein lichtes Blau. Sie haben entsprechend dunkel abgetönte Abzeichen. Bei beiden Farbenschlägen wird die Unterfarbe bläulich in Abhängigkeit von der Intensität der Deckfarbe verlangt. Helle oder weiße Unterfarbe muss konsequent bekämpft werden.

Typenmarder sind auf jeden Fall spalterbig, wobei die tatsächlichen Gegebenheiten komplexer sind als in den oben vereinfachten Erbformeln. Im Übrigen sei auf die Ausführungen zum Erbgang und den daraus resultierenden Zuchtproblemen bei den Siamesenfarbigen verwiesen.

Wie bei allen Kaninchen der Albinoserie (Siamesen, Chinchilla) sind die Augen dunkel, rötlich durchscheinend (hier: braun bzw. bei den blaumarderfarbigen graubraun bis blaugrau). Gemessen an den vielfältigen Zuchtaufgaben, die mit der Spalterbigkeit verbunden sind, ist der in Erfurt demonstrierte Leistungsstand erstaunlich: In beiden Farbenschlägen wurde die DM in Erfurt auf 384,5 Punkte vergeben – Michael Müller, Erdmannhausen, Braunmarder, Herbert Baumgart, Hünfeld, Blaumarder.

1,0 Zwergwidder, marderfarbig-braun (H. Krüger, Sulzfeld). Foto: B&S Fotostudio

Siamesenfarbige Zwergwidder ($a^m a^n bbCCDDgg$, gelbsiamfarben; $a^m a^n bbCCddgg$, blausiamfarben)

Im Gegensatz zu den marderfarbigen Zwergwiddern sind die siamesenfarbigen – wenn auch mit starken Schwankungen – sehr zahlreich auf den Bundekaninchenschauen zu sehen. In Erfurt waren 2011 28 Zuchtgruppen Gelbsiamesen vertreten (Senioren: 24; Jugend: 4); DM K.-H. Winterlich, Lingen, mit 385,5 Punkten. Blausiamesenfarbige Zwergwidder sind nach wie vor eine absolute Rarität: eine ZG in Erfurt in der Jugendgruppe.

Der Verfasser hat sich anderer Stelle (DKZ 5/1989 und DKZ 14/1990) sehr ausführlich mit den komplexen genetischen Zusammenhängen der Marder und Siamesen beschäftigt; dort kann bei Interesse nachgeforscht werden. Bei den Siamesen, gelb, haben wir es farblich mit einer Kombination des Marderfaktors (a^m) mit nichtwildfarbig Gelb (= Thüringer) zu tun, was insgesamt zu einer Aufhellung der Deckfarbe bis hin zur Cremefarbigkeit und der Abzeichen bis zu einem bräunlich grauen Schleier geführt hat.

Bei den Blausiamesen ist die Anlage für einfarbig Gelb mit der für einfarbig Blau gekoppelt, wahrscheinlich entstanden durch die Einkreuzung von Blaumardern. Damit ist auch schon gesagt, dass die siamesenfarbigen Varianten eigentlich auch marderfarbige sind (Gelbmarder bzw. Blaugelbmarder). Für die Züchter siamesenfarbiger Zwergwidder besteht das größte Problem darin, dass als Abzeichen nicht wie beim Thüringer ein seitlicher Streifen, sondern wie bei den übrigen Marderfarben ein zumindest schwach angedeuteter Rückenstreifen verlangt wird. Seitdem die Preisrichter konsequenter bei typabweichender Seitenzeichnung durchgreifen und solche Zwergwidder mit Thüringerabzeichen von der Bewertung ausschließen (vgl. zu diesem Problem den Rassebericht von Jürgen Hölter, Kaninchenzeitung 19/2004, S. 5), hat sich die Qualität dieses Farbenschlags

1,0 Zwergwidder, siamesenfarbig-gelb (K. Riffer, Bad Soden). Foto: B&S Fotostudio

durch konsequente Zuchtauslese deutlich verbessert; dies gilt übrigens nicht nur für die sechste Bewertungsposition.

Dennoch darf eine weitere Schwierigkeit der Zucht nicht verschwiegen werden. Wie die vereinfachte Erbformel zeigt, sind die Typensiamesen spalterbig. Die reinerbige Kombination des Marderfaktors ergibt Dunkelsiamesen, bei denen die Abzeichen (Maske, Ohren, Blume, Läufe und Rückenstreifen) kaum noch zu erkennen sind. Bei der Verpaarung der spalterbigen Typen fallen auf die große Zahl gesehen 25 % Dunkelsiamesen, 25 % schwach gezeichnete russenfarbige Hellsiamesen oder albinoweiße Nachkommen und 50 % Typensiamesen. Die Verpaarung von Dunkelsiamesen mit Hellsiamesen verspricht zwar in der Theorie zu 100 % Typensiamesen, jedoch zeigt die Praxis, dass bei diesem Zuchtweg der Rückenstreifen verloren geht (Hölter, a.a.O., S. 4).

Gut gezeichnete Siamesen haben übrigens wie die Braun- und Blaumarder das Marderkreuz auf der Stirn. Ich selbst habe seinerzeit nur mit solchen und zudem farblich einwandfreien Typensiamesen gezüchtet und damit die besten Erfahrungen gemacht.

Angesichts der schwierigen genetischen Zusammenhänge ist die starke Verbreitung dieses Farbenschlages erstaunlich. Auch heute noch zählen die siamesenfarbigen Zwergwidder – wie übrigens auch die Farbenzwerge – zu den Lieblingen der Besucher. Nach wie vor gibt es hervorragende Form- und Farbtypen.

Russenfarbige Zwergwidder (a^na^nBBCCDDgg, schwarz-weiß; a^na^nBBCCddgg, blau-weiß)

Die russenfarbigen Zwergwidder, schwarz-weiß, haben nach wie vor einen treuen Züchterstamm. Herauszüchter ist der bereits mehrfach erwähnte westfälische Preisrichter Christoph Joerges (vgl. DKZ

1,0 Zwergwidder, russenfarbig schwarz-weiß (Melanie Wehlert, Betzenstein). Foto: Tobias Reinmuth

Nr. 17/1995, S. 11). Auf der 30. Bundeskaninchenschau präsentierten sieben Aussteller (Senioren: 5; Jugend: 2) sieben Zuchtgruppen des schwarz-weißen Farbenschlags; die Deutsche Jugendmeisterin Sarah Nagel, Hausen, zeigte die Zuchtgruppe mit der höchsten Bewertung: 383,5 Punkte.

Nur eine Zuchtgruppe der blau-weißen Tiere war in Erfurt vertreten. Diesen Farbenschlag zu züchten, bedeutet eine besondere Herausforderung; Traumbewertungen sind eher selten.

Die durch den Russenfaktor in Verbindung mit der Kälteschwärzung an den weniger gut durchbluteten Körperteilen entstehenden Abzeichen (Maske, Ohren, Blume, Manschetten) sollen möglichst intensiv schwarz bzw. blau und von reiner Farbe sein. Die Intensität der Farbe wird naturgemäß von der Umgebungstemperatur mitbeeinflusst, sodass die klarsten Farben im Winter zu sehen sind. Jedoch ist das nur die eine Seite der Medaille. Schlechte Farbträger neigen zu melierten Abzeichen und dies nicht nur in Zeiten warmer Witterung.

Verpönt ist dunkler Anflug an den Augenlidern (Brillen), denn mit Ausnahme der Abzeichen ist die Fellfarbe ansonsten Reinweiß. Als Teilalbino an der vorletzten Stelle der Albinoserie stehend hat der russenfarbige Zwergwidder farblose, das heißt rot erscheinende Augen. Die Krallenfarbe ist wie bei allen Teilalbinos pigmentiert, je dunkler desto besser. Züchterische Probleme liegen neben der Verbesserung des Typs vor allem in der Farbe.

Besonders zu achten ist auf die weiß durchsetzten Ohren und vor allem Ohrenränder. Im Gegensatz zur Melierung bei den sogenannten Farbverblassern handelt es sich hier um genetische Einwirkungen, zum Beispiel durch Holländerfaktoren, die, wenn sie nicht durch züchterische Maßnahmen bekämpft werden, zu weißen Büscheln und farblosen Krallen führen.

Weißgrannenfarbige Zwergwidder ($a^{chi}a^{chi}BBCCDDg^og^o$, schwarz; $a^{chi}a^{chi}BBCCddg^og^o$, blau; $a^{chi}a^{chi}AABBccDDg^og^o$, havannafarbig)

Seit 1995 werden weißgrannenfarbige Zwergwidder auf Bundesebene in der Allgemeinen Abteilung gezeigt. Alle drei Farbenschläge sind regelmäßig auf den Bundekaninchenschauen anzutreffen, in Erfurt 2011 waren es zehn Zuchtgruppen wg schwarz und je zwei Zuchtgruppen wg blau und havannafarbig. Die havannafarbigen haben noch einen Qualitätsrückstand, während sich die blauen (DM Kurt Haid, Aitrach, 386,0) und die schwarzen (DM Manfred Becker, Sömmerda, 385,5) in der Spitzenklasse der Zwergwidder etabliert haben.

Die drei Farbenschläge sind das Ergebnis systematischer Kombinationszucht. Den Antrag zur Herauszüchtung stellte der Pionier vieler Zwergwidder-Farbenschläge, Christoph Joerges, bereits 1987 gleichzeitig mit dem für die schwarzlohfarbigen und die hasenfarbigen Varianten. Rein theoretisch ist es ein Kinderspiel, weißgrannenfarbige Zwergwidder herauszuzüchten, wenn man auf lohfarbige und chinchillafarbige Tiere in der Elterngeneration zurückgreifen kann. Der Teufel steckt aber im Detail.

Vom Lohkaninchen wird eine intensive und breite feuerrote Brustlohe erwartet und am Bauch eine intensive Lohfärbung bis zum Haarboden. Verwandeln wir nun mithilfe des Chinchillafaktors, den wir ja als „Weißmacher“ brauchen, die Lohfarbe in Weiß, so erhalten wir Weißgrannen mit intensiv weißer Deckfarbe an der Brust und weißer Unterfarbe am Bauch. Wie wir aber bei den lohfarbigen Zwergwiddern gesehen haben, ist die Intensität der Lohe oft noch ein Wunsch, sodass wohl genug geeignete

1,0 Zwergwidder, weißgrannenfarbig-schwarz (B. Joerges, Lüdinghausen). Foto: B&S Fotostudio

Ausgangstiere zur Verfügung gestanden haben. Die dunkelblaue Bauchunterfarbe war wohl keine große Herausforderung. Daher ist der Herauszüchter gar nicht erfreut darüber, dass der neue Standardtext die Aufhellung der Unterfarbe in der Bauchmitte als leichten Fehler toleriert. Die weiße Rumpfbegrannung wird neuerdings als umlaufendes Zeichnungsmerkmal beschrieben, und so soll sie auch an der Brust bis zur Höhe der Rumpfmitte ausgeprägt in Erscheinung treten.

Schwarzgrannenfarbige Zwergwidder ($a^{chi}a^{chi}bbCCDDGG$)

Die Palette der Farbenschläge wird seit 2000 durch die schwarzgrannenfarbigen Zwergwidder bereichert. Wie die Erbformel zeigt, handelt es sich um die reinerbige Kombination der rezessiven Anlagen für Chinchillafarbe und Gelb, was der reinen Theorie nach eigentlich Weiß ergeben müsste. Die Züchtung „synthetisch-weißer" Kaninchen hat eine lange Tradition. Der Verfasser verweist an dieser Stelle auf die Ausführungen bei Niehaus (a.a.O.) und auf seinen Rassebericht über die zum gleichen Zeitpunkt auf der Bildfläche erschienenen schwarzgrannenfarbigen Farbenzwerge (DKZ 18/2001).

In manchen Zuchten der Schwarzgrannen und der schwarzgrannenfarbigen Zwergwidder traten in der letzten Zeit vermehrt zum Teil mit hohen Bewertungen ausgezeichnete Tiere auf, die gegen Weiß tendierten und kaum noch eine Farbbegrannung erkennen ließen. Daher nahm die Standard-Fachkommission 2011 die

„schwach ausgeprägte Farbbegrannung" in den Kanon der leichten Fehler auf.

Tatsache ist, dass das Auftreten der schwarzgrannenfarbigen Zwergwidder wie bei den Farbenzwergen nicht einer systematischen Neuzüchtung zu verdanken ist, sondern dass fast gleichzeitig in verschiedenen Zuchten aus der Verpaarung von rhönfarbigen Eltern schwarzgrannenfarbige Nachkommen fielen. Theoretische Erklärungsversuche wurden im oben angeführten Beitrag unternommen.

Während die schwarzgrannenfarbigen Farbenzwerge einen regelrechten Boom erlebten und aufgrund der enormen Verbreitung und Ausstellungsaktivität bereits 2003 anerkannt wurden, mussten die gleichfarbigen Zwergwidder bis 2007 warten. Zur Freude des Herauszüchters Karl-Heinz Sanders aus Bevergern, in dessen rhönfarbiger Zwergwidderzucht die ersten Schwarzgrannenfarbigen auftauchten und der diesen Farbenschlag in den wenigen Jahren enorm verbessert hat, folgte der Boom bei den Zwergwiddern halt mit leichter Verzögerung. Auf der 30. Bundeskaninchenschau in Erfurt lagen DM K.-H. Pacco, Kevelaer, und DVM K.-H. Sanders mit jeweils 384,0 Punkten an der Spitze der 15 Zuchtgruppen.

Mit der größeren Verbreitung wurden aber auch züchterische Sünden sichtbar, die durch das Einkreuzen anderer Farbenschläge begangen wurden. So wurden bereits auf der Bundeskaninchenschau in Bremen bei einigen Zuchten Marder- und Siamesenabzeichen erkennbar. Zur Gegensteuerung wurden die leichten und schweren Fehler der Ausgangsrasse – und damit aller Abkömmlinge – um den Hinweis auf diese unerwünschte Erscheinung in angedeuteter bzw. ausgeprägter Form erweitert. Bei der Zucht sollte auch auf die rein weiße Unterfarbe geachtet werden; ist sie an den Hinterschenkeln verwaschen grau, dann ist dies meines Erachtens ein Hinweis auf unvollständige Wildfarbigkeit oder ähnliche genetische Defekte.

1,0 Zwergwidder, schwarzgrannenfarbig (Karl-Heinz Pacco, Kevelaer). Foto: Karin Wolters

Gescheckte Zwergwidder (AA...Kk)

Während die ersten Farbenschläge der gescheckten Farbenzwerge mit Mantelzeichnung nunmehr ihrer Aufnahme in den Standard entgegensteuern (Oktober 2012), gehörten gescheckte Zwergwidder analog zu den Großwiddern von Anfang an zu den beliebtesten Züchtungen. In Erfurt waren 119 Zuchtgruppen vertreten (Senioren: 99; Jugend: 20). Von den 14 anerkannten Varianten waren auf der 30. Bundekaninchenschau elf vertreten – ein Zeichen dafür, dass die Diversität des Farbenspiels von farbigem Mantel und durch den Scheckungsfaktor (K) hervorgerufener weißer Grundfarbe eine große Schar engagierter Züchter in Bann hält. Den Löwenanteil stellten die thüringerfarbig-weißen (32 Zuchtgruppen) und die wildfarben-weißen (27 Zuchtgruppen).

Wie bei den Großwiddern ist nur die Mantelzeichnung zugelassen. Während das Kinn, die Halspartie, die Brust, die Vorderläufe und die Hinterläufe von den Sprunggelenken abwärts und natürlich die Bauchpartie aufgrund des Scheckungsfaktors überwiegend weiß und möglichst frei von farbigen Flecken sind, wird der Rumpf von der Mantelzeichnung in der jeweiligen Zeichnungsfarbe bedeckt. Der Rücken, die Schultern und die Hinterpartie sollen von der Zeichnungsfarbe voll erfasst werden, das heißt den Mantel tragen und umgekehrt von weißen Flecken frei bleiben. Ein weißer Stirnfleck soll den Kopf zieren. Sein Fehlen wird zwar nur als leichter Fehler bestraft, was nicht bei allen Zwergwidderzüchtern auf Zustimmung stößt (vgl. Günter Fandel, DKZ 1/2001); der zuchtlenkende Effekt wird aber auch wohl so erreicht.

Die Vorschriften zur Bewertung der Zeichnung sind seit den Änderungen, die der Standardtext 1997 mit sich brachte, sehr intensiv diskutiert worden, zumal in vielen Details keine Einheitlichkeit zwischen den Widderzüchtern und den Züch-

1,0 Zwergwidder, thüringerfarbig-weiß (Kathrin Paulus, Nalbach). Foto: Tobias Reinmuth

1,0 Zwergwidder, wildfarben-weiß (J. Atzert, Neuhof). Foto: Karin Wolters

tern der Mecklenburger Schecken bestand. Hier musste die Standardkommission einen goldenen Mittelweg gehen zwischen dem, was züchterischer Ehrgeiz gelegentlich für machbar und wünschenswert hält, und einer dem Tierschutzgedanken gerecht werdenden Toleranzbreite.

Weiße Ansatzpunkte im Genick bis zum Ende der Schulterblätter und kleine weiße Streifen und Flecken im unmittelbaren Randbereich der Blume vom Ansatz der Blume bis zur hochgelegten Blumenspitze bleiben zum Beispiel ebenso unberücksichtigt wie kleinere Flecken hüben und drüben im unmittelbaren Randbereich des Mantels.

Heftig umstritten war bei der Kopfzeichnung die Bewertung der Schnauzflecken. Schließlich ist man hier zu der Auffassung gelangt, dass zwischen Einläufern am Schnauzbereich, kleinen Flecken dortselbst und dem gänzlich unerwünschten Nasenfleck unterschieden werden muss. Weiße Flecken am Kopf (mit Ausnahme des Stirnflecks) und farbige Flecken auf der Brust gelten ebenso als unerwünscht.

Es würde zu weit führen, an dieser Stelle alle Details der Bewertungsvorschriften des Standards 2004 zu erläutern. Für den Nicht-Spezialisten und manchen Preisrichter sind sie nach Meinung vieler schon recht kompliziert. Beispiel: Was bedeutet „wenige Farbflecken auf der Brust“ und wann ist die Brust „stark mit Zeichnungsflecken durchsetzt“? Was ist zu tun, wenn nur ein Farbfleck auf der Brust ist, der aber etwas groß erscheint? Wo fängt der Vorderfußbereich an? Was ist eine „gänzlich gefärbte Unterlippe“? Was bedeutet Randbereich? Angaben in Zentimetern helfen da wenig (vgl. Fandel, DKZ 1/2001).

Die ZDRK-Standardkommission hat für den Randbereich des Mantels und den Schulterbereich in den Standard 2004 eine mittlerweile als „Dietrich'sche Linien" bezeichnete Veranschaulichung aufgenommen, die als Bewertungshilfe einhellig akzeptiert worden ist (vgl. K.-H. Martin, Kaninchenzeitung 10/2006, S. 5). Präzisierungen der Formulierungen sind ständig Beratungsgegenstand.

Die Einlegeblätter von 2011 enthalten weitere Klarstellungen: Unterscheidung von „einzelnen kleinen Farbflecken auf der Brust" (LF) und „überwiegend mit Farbflecken bedeckter Brust" (SF); Ergänzung zur Bauchfarbe, das heißt gänzlich mit Zeichnungsfarbe bedeckte Bauchpartie bzw. blaue Bauchunterfarbe im gesamten Bauchbereich bei den grau-weißen Farbenschlägen und bei chinchillafarbig-weiß (SF); Klarstellung zur gefärbten Unterlippe, das heißt, dass eine schmale seitliche Unterkiefereinfassung – wie bei den klassischen Punktschecken – mit teilweiser Färbung der Unterlippe unberücksichtigt bleibt. Letztendlich ist aber immer der Gesamteindruck maßgebend, wenn es um die Frage Toleranz, Punktabzug oder „nicht befriedigend" geht.

Hinsichtlich der Zeichnungsfarbe ist von den gleichen Zuchtaufgaben auszugehen, wie sie oben bei den einfarbigen Ausgangstieren beschrieben worden sind. Die Zucht der Scheckung bringt zusätzliche Probleme, da sie infolge des semidominanten Scheckungsfaktors K nur in spalterbiger Form (Kk) das gewünschte Zeichnungsbild ermöglicht und vielfältig in Abweichung vom Ideal variiert. Sie bietet aber auch zusätzliche Anreize. Der Größenrahmen ist in einigen Farbenschlägen noch nicht perfekt: „Der Weg zu hohen Bewertungen führt nur über den kürzeren und breiteren Typ" (Martin, a.a.O., S. 4).

Angesichts dieser Zuchtprobleme sind die präsentierten Ergebnisse des züchterischen Könnens in der Leistungsspitze als phänomenal zu bezeichnen. Die entsprechenden in Erfurt erreichten Deutschen Meisterschaften seien hier richtungsweisend aufgelistet:

Wildfarben-Weiß: Günter Fandel, Mettendorf, 386,0; Schwarz-Weiß: Gerhard Rüth, Leidersbach, 389,0; Blau-Weiß: Ullrich Schneemann, Duderstadt, 384,5; Chinchillafarbig-Weiß: Erich Würker, Elsenfeld, 383,0; Havannafarbig-Weiß: Michael Macke, Kroge, 383,0; Thüringerfarbig-Weiß: ZGM Wellenkötter, Dortmund, 385,5 Punkte.

Fütterung, Haltung und Pflege

Züchter von Zwergwiddern wurden von ihren Zuchtkollegen in den Anfangsjahren häufig als Futterkünstler bezeichnet. Diese Titulierung hatte aber nur so lange ihre Berechtigung, wie der noch nicht ganz zwergengemäße Größenrahmen – insbesondere die Rumpflänge – unserer Widder im Kleinstformat zu besonderen Maßnahmen zwang. In vielen Zuchten und Farbenschlägen ist der ideale Typ bereits erreicht und Hungerkuren sind weder angesagt noch tiergerecht. Wir wollen ehrlich sein und zugeben, dass dies noch nicht in allen Zuchten erreicht ist.

Richtig füttern

Am Beispiel der Fütterung der Zwergwidder kann sehr schön der Zusammenhang von Erbbild und Umwelteinfluss bei der Gestaltung eines Typs deutlich gemacht werden. Entscheidend für die Ausprägung des Größenrahmens ist und bleibt die Erbanlage. Dort wo nicht genügend „Hemmer für das Längenwachstum" genetisch verankert sind, kann der Züchter noch so sparsam füttern, seine Zwergwidder werden lang und länger und würden bei normaler Fütterung bei etwa 2,5 kg Körpermasse landen. Um aber unter dem Maximalgewicht von 2,0 kg zu bleiben, müssen die armen Tiere als wahre Hungerkünstler ihr Dasein fristen. Vor einigen Jahren konnte man auf Ausstellungen solche halbverhungerten „Widderzwerge" sehen, die vorn verjüngt und hinten knochig waren, ganz abgesehen davon, dass solche Tiere anfälliger für Krankheiten aller Art waren. Diese Zeiten sind Gott sei Dank in den allermeisten Zuchten vorbei.

Ein Zwergwidder, bei dem genügend Erbanlagen für den Zwergentyp vorhanden sind, kann normal gefüttert werden. Aber was heißt normal? Normal füttern heißt bei Zwergkaninchen immer wohldosiert füttern, ganz egal, ob bei Grünfütterung oder der Verabreichung von Pellets, denn das Gegenteil des Hungerkünstler-Daseins ist die ebenso unerwünschte Verfettung.

Wegen des Fehlens des bereits erläuterten Dw-Faktors sind unsere Zwergwidder nämlich recht frohwüchsig und ausgesprochen gute Futterverwerter. Daher muss der Züchter vor allem in der Phase des Wachstumsschubs nach dem Absetzen und Isolieren in Einzelbuchten besonders aufmerksam die Entwicklung beobachten. Jungtiere mit relativ langen Behängen wachsen gern „in die Länge", Jungtiere mit Behängen an der unteren Grenze werden dagegen gern „pummelig", wobei leicht Wammenansätze oder lose Brustfelle entstehen.

Der Züchter von Zwergwiddern hat es also in der Hand, bei eigentlich normalen genetischen Voraussetzungen auf die Ausprägung des konkreten Erscheinungsbildes modifizierend (Modifikation = Veränderung durch Umwelteinflüsse) einzuwirken. Die Vereinheitlichung des Typs durch Einhalten eines Normalgewichts deutlich unter 1900 g stellt neue Aufgaben, wenn als Ziel die Mitte zwischen 1500 und 2000 g angestrebt wird. Aber Züchten heißt eben Formen und Gestalten. Deshalb ist man noch lange kein Futterkünstler, denn die Aufgabe, richtig zu füttern, stellt sich bei jeder Rasse anders.

Richtig füttern heißt aber auch ausgewogen füttern. Bei Pelletfütterung wird die Ausgewogenheit durch die Herstellerfirmen garantiert. Dennoch rate ich dazu, bei Fertigfutter neben dem Wasser und dem obligatorischen ausgesucht guten Heu natürliche Beigaben zum Knabbern zu geben. Bei mir haben sich in den letzten Jahren Gemüseknollen, vor allem Sellerieknollen und Steckrüben, bestens bewährt. Offenbar wirken sie sich auch besonders gut als Regulativ für den Stoffwechsel bei den Jungtieren aus, wenn die Säugeperiode zu Ende geht.

Bei Grünfütterung wird das richtige Verhältnis von Wasser und Trockensubstanzen, Eiweiß, Fetten, Kohlenhydraten, Mineralstoffen, Vitaminen und Ballaststoffen automatisch dann erreicht, wenn man jede Einseitigkeit vermeidet. Die Verabreichung von gutem Heu zur freien Aufnahme hat auch hier nie geschadet.

Auf diese Kurzformel kann man das ganze Geheimnis richtigen Fütterns bringen. Aber Achtung, auch hier gibt es unter den Tieren wahre Meister der Futterverwertung, die ohne Zufütterung mächtig zunehmen. Warum sollte es beim Kaninchen anders sein als bei anderen Säugetieren? Auch die Stoffwechseleigenschaften sind von Individuum zu Individuum verschieden. Wer seine Futtergaben wissenschaftlich dosieren will, der sollte eine allgemeine Fütterungslehre zur Hand nehmen (zum Beispiel Willi Lackenbauer, Kaninchenfütterung, Oertel+Spörer).

Nach langjähriger vergleichender Beobachtung möchte ich behaupten, dass unsere Zwergwidder insgesamt weniger anfällig auf Futterumstellungen und Fütterungsfehler reagieren als die Hermelin und Farbenzwerge, was den Rückschluss auf eine sicherlich etwas stabilere Resistenz gegenüber Krankheiten zulässt. Zwergwidder sind also recht gesund, robust, genügsam und damit auch unter dem Aspekt der Wirtschaftlichkeit als eine attraktive Rasse anzusehen. Sie sind keck, aber nicht übermäßig lebhaft. Ihre Ruhe und Souveränität haben sie sicherlich von ihren großen Urahnen ererbt. Dennoch sind sie nicht als faul, lethargisch oder passiv einzustufen, denn sie haben einen ausgeprägten Pflegetrieb.

Die richtige Haltung

Man kann sagen, dass der Zwergwidder ein besonders sauberes Kaninchen ist. Natürlich muss der Züchter ihm die Voraussetzungen dafür aber auch bieten. Ein wichtiges Kriterium ist die Gestaltung der Buchten. Ich halte es allerdings im wahrsten Sinne des Wortes für unangemessen, für Zwergkaninchen unter 2000 g Körpermasse die gleichen Buchtengrößen vorzuschreiben wie für kleine Rassen mit einem Gewicht von bis zu 3500 g, wie dies die TVT tut. Für viel wichtiger halte ich nach meinen Erfahrungen der letzten Jahre die Ausstattung. So kann ein Zwergwidder durchaus mit einer Buchtengröße von 60 x 60 cm und einer Höhe von 50 cm auskommen, wenn ihm ein erhöhtes Sitzbrett von 20 x 60 cm zur Verfügung steht. Die „Aussichtsplattform“ wird gern angenommen und fast nie als Kotablage missbraucht. Regelmäßige Reinigung der Buchten und saubere Einstreu verstehen sich ohnehin von selbst. Übertriebene Desinfektionsmaßnahmen sind in gesunden Stämmen jedoch überflüssig. Dankbar reagieren die Zwergwidder bei der Ausbildung des neuen Fellkleids auf die Haltung in gut belüfteten Innenställen oder – wo es möglich ist – in Außenställen. Wie alle anderen Kaninchenrassen muss man natürlich auch die Zwergwidder vor direkter Sonneneinstrahlung und UV-Strahlen sowie vor Zugluft schützen. Gute Belüftung und schädliche Zugluft sind nämlich zwei verschiedene Dinge.

Regelmäßiges Bürsten des Fells und die Verabreichung eiweißreicher Beigaben zum Futter, die einen ausreichenden Anteil an schwefelhaltigen Aminosäuren enthalten sollten, unterstützen und beschleunigen den Haarungsvorgang und regen die Neubildung von Haarfollikeln an, was sich positiv auf die Fellqualität auswirkt (vgl. U. Koetter, Das Blaue Kaninchen-Jahrbuch 1981, S. 99).

Rechtzeitig vor den Ausstellungen empfiehlt sich die dosierte Beigabe von ölhaltigen Früchten, zum Beispiel Sonnenblumenkernen. So erhält das Fell rechtzeitig seinen gesunden Glanz, der das Erscheinungsbild des perfekten Zwergwidders abrundet.

Schlussbetrachtung und Ausblick

Trotz aller Aufgaben und Probleme, die mit der Zucht dieser nun nicht mehr so jungen Rasse verbunden sind, kann man am Ende der Ausführungen festhalten, dass unsere Zwergwidder eine dankbare Rasse sind. Gesunde Wurfgrößen von häufig mehr als fünf Jungtieren, in der Regel gutes Aufzucht- und Pflegeverhalten der Muttertiere und eine stabile Krankheitsresistenz lassen sie in Verbindung mit der geringen Körpermasse als Zwergkaninchen besonders geeignet für Jungzüchter oder als Zweitrasse erscheinen.

Inzuchtdepressionen und mit mutativen Veränderungen einhergehende Anomalien wie Kopf-, Zahn- oder Penismissbildungen treten bei ihnen wie bei jeder anderen Rasse dann auf, wenn in bestimmten Richtungen übertriebene Zuchtziele angestrebt werden.

Für die Zukunft bleiben noch genügend Aufgaben und Ziele bestehen, die eigentlich nur durch gezielte Zusammenarbeit bewältigt werden können. Der geeignetste Rahmen für eine solche Kooperation und Koordination ist die Clubarbeit. Nach den Richtlinien für Clubs im ZDRK sollte dies ein Spezialclub für Widderzüchter sein und nicht der Zwergkaninchenclub. Damit hat der ZDRK indirekt die Frage entschieden, ob es sich bei unserer Rasse um einen Widderzwerg oder einen Zwergwidder handelt. Er ist in erster Linie ein Widderkaninchen. Die neue Namensgebung trägt dem offiziell Rechnung. Aber was soll's! Wer schon lange in einem Zwergkaninchenclub ist, der sollte weiterhin dort mit Gleichgesinnten die Zuchtaufgaben der Zwergwidder anpacken, wie es der Verfasser dieses Heftes auch praktiziert – allerdings mit dem bedauerlichen Verzicht auf die überregionalen Widderclub-Vergleichsschauen. Oder sollte man vielleicht doch darüber nachdenken, ob eine Öffnung und Zulassung in beide Richtungen nicht sinnvoll sein könnte? Wem würde das denn schaden?

Die Vermehrung der Farben- und Zeichnungsvarianten bei den Zwergwiddern sollte nach Meinung des Verfassers zum Abschluss gekommen sein. Sie wird aber trotzdem den Liebhaber immer wieder reizen. Dennoch kommt es vorrangig auf die Verbesserung und Festigung des Bestehenden an. Weitere Freunde wird diese reizvolle Rasse, bei der fast fünfzig Farbenschläge anerkannt sind, ganz bestimmt finden. Sie ist in ihrem Bestand mehr als gefestigt und aus der Palette unserer Kaninchenrassen nicht mehr wegzudenken.

Gesamtübersicht der anerkannten Farbenschläge der Zwergwidder (Standard 2004, S. 343f.; Bearbeitung Januar 2012)

Abt. IV – Zwergrassen			Kurzbezeichnung	
1	Zwergwidder	eisengrau	ZwW	eisengr
2	Zwergwidder	dunkelgrau	ZwW	dunkelgr
3	Zwergwidder	wildfarben	ZwW	wildf
4	Zwergwidder	hasenfarbig	ZwW	hasenf
5	Zwergwidder	perlfehfarbig	ZwW	perlfehf
6	Zwergwidder	gelb	ZwW	gelb
7	Zwergwidder	rot	ZwW	rot
8	Zwergwidder	luxfarbig	ZwW	luxf
9	Zwergwidder	chinchillafarbig	ZwW	chinf
10	Zwergwidder	schwarz	ZwW	schwarz
11	Zwergwidder	blau	ZwW	blau
12	Zwergwidder	havannafarbig	ZwW	havf
13	Zwergwidder	thüringerfarbig	ZwW	thürf
14	Zwergwidder	fehfarbig	ZwW	fehf
15	Zwergwidder	rhönfarbig	ZwW	rhönf
16	Zwergwidder	hototfarbig	ZwW	hototf
17	Zwergwidder	japanerfarbig	ZwW	japf
18	Zwergwidder	lohfarbig schwarz	ZwW	lohf schwarz
19	Zwergwidder	lohfarbig blau	ZwW	lohf blau
20	Zwergwidder	lohfarbig havannafarbig	ZwW	lohf hav
21	Zwergwidder	lohfarbig fehfarbig	ZwW	lohf feh
22	Zwergwidder	marderfarbig braun	ZwW	marderf braun
23	Zwergwidder	marderfarbig blau	ZwW	marderf blau
24	Zwergwidder	siamesenfarbig gelb	ZwW	siamf gelb
25	Zwergwidder	siamesenfarbig blau	ZwW	siamf blau
26	Zwergwidder	russenfarbig schwarz-weiß	ZwW	russenf schw-weiß
27	Zwergwidder	russenfarbig blau-weiß	ZwW	russenf bl-weiß
28	Zwergwidder	weißgrannenfarbig schwarz	ZwW	wg schwarz
29	Zwergwidder	weißgrannenfarbig blau	ZwW	wg blau
30	Zwergwidder	weißgrannenfarbig havannafarbig	ZwW	wg havf
31	Zwergwidder	eisengrau-weiß	ZwW	eisengr-weiß
32	Zwergwidder	dunkelgrau-weiß	ZwW	dunkelgr-weiß
33	Zwergwidder	wildfarben-weiß	ZwW	wildf-weiß
34	Zwergwidder	hasenfarbig-weiß	ZwW	hasenf-weiß
35	Zwergwidder	perlfehfarbig-weiß	ZwW	perlfehf-weiß
36	Zwergwidder	gelb-weiß	ZwW	gelb-weiß
37	Zwergwidder	rot-weiß	ZwW	rot-weiß
38	Zwergwidder	luxfarbig-weiß	ZwW	luxf-weiß
39	Zwergwidder	chinchillafarbig-weiß	ZwW	chinf-weiß
40	Zwergwidder	schwarz-weiß	ZwW	schwarz-weiß
41	Zwergwidder	blau-weiß	ZwW	blau-weiß
42	Zwergwidder	havannafarbig-weiß	ZwW	havf-weiß
43	Zwergwidder	thüringerfarbig-weiß	ZwW	thürf-weiß
44	Zwergwidder	fehfarbig-weiß	ZwW	fehf-weiß
45	Zwergwidder	weiß RA (=Rotaugen)	ZwW	weiß RA
46	Zwergwidder	weiß BlA (=Blauaugen)	ZwW	weiß BlA
47	Zwergwidder	schwarzgrannenfarbig	ZwW	schwgrf

Literaturverzeichnis

Eknigk, Heidrun: **Kaninchenvererbung.** Band 1: Die kleine Genetikschule. Oertel+Spörer, Reutlingen, 2010.

Eknigk: Heidrun: **Kaninchenvererbung.** Band 2: Einblick in die internationale Rassekaninchenzucht. Oertel+Spörer, Reutlingen, 2011.

Hillebrecht, Friedel: **Kaninhop.** Ratgeber für den artgerechten Kaninchensport. Oertel+Spörer, Reutlingen, 2009.

Lackenbauer, Willi: **Kaninchenfütterung.** Oertel+Spörer, Reutlingen, 2009.

Matthes, Siegfried: **Kaninchenkrankheiten.** Krankheiten vorbeugen, erkennen, behandeln. Oertel+Spörer, Reutlingen, 2010.

Reber, Ulrich: **Kaninchenhaltung.** Rassen, Zucht, Ernährung. Oertel+Spörer, Reutlingen, 2008.

Thormann, Lothar: **Kaninchenställe und Stallanlagen.** Selbstbau leicht gemacht. Oertel+Spörer, Reutlingen, 2011.

Thormann, Lothar: **Kaninchenställe und Auslaufgehege.** Einfacher Selbstbau oder fachkundige Beschaffung. Oertel+Spörer, Reutlingen, 2008.